国家自然科学基金面上项目（51775131）

河南省科技攻关计划项目（252102320175）

内外啮合构型齿轮泵与马达
设计·分析·实验·仿真·实例

NEIWAI NIEHE GOUXING CHILUNBENG YU MADA
SHEJI FENXI SHIYAN FANGZHEN SHILI

刘忠迅　吕世君　闻德生　著

化学工业出版社

·北京·

内容简介

内外啮合构型齿轮泵与马达是将"双定子"理论应用于齿轮泵与马达而形成的一种新型齿轮泵与马达结构。 本书在简要介绍齿轮泵与马达的研究现状和发展历程后，指出了其发展趋势，详细介绍了内外啮合齿轮马达、输出轴力平衡型多输入齿轮马达、多输出内啮合齿轮泵三种内外啮合构型齿轮泵与马达，全面阐述了其结构原理、动力学特性和流体力学性能，设计并试制了三种内外啮合构型齿轮泵与马达的样机，并进行了一系列实验研究，验证了差动连接多转矩输出模式的可行性和理论模型的准确性。 该研究为新型齿轮泵与马达的设计提供了系统的理论支撑与工程实践指导。

本书可为从事液压元件和系统研究、设计制造、使用维修等人员提供技术支持，也可用于大中院校机械类专业的师生教学用书和参考书，还可作为液压专业的研究生教材。

图书在版编目（CIP）数据

内外啮合构型齿轮泵与马达 ： 设计·分析·实验·
仿真·实例 / 刘忠迅，吕世君，闻德生著. -- 北京：
化学工业出版社，2025. 5. -- ISBN 978-7-122-47920-4

Ⅰ. TH325；TH138. 51

中国国家版本馆 CIP 数据核字第 202509QY66 号

责任编辑：黄　滢　　　　　　　　　　装帧设计：王晓宇
责任校对：赵懿桐

出版发行：化学工业出版社 （北京市东城区青年湖南街 13 号　邮政编码 100011）
印　　装：北京天宇星印刷厂
787mm×1092mm　1/16　印张 12½　字数 210 千字　2025 年 8 月北京第 1 版第 1 次印刷

购书咨询：010-64518888　　　　　　　售后服务：010-64518899
网　　址：http://www.cip.com.cn

定　　价：128.00 元

　　液压技术具有功率密度大、易于调速与控制等特点，广泛应用于工程机械、农业机械、矿山机械等领域。目前广泛应用在各种行业中的液压传动系统均由单泵（一个壳体内一个转子对应一个定子形成的一个泵）和单马达（一个壳体内一个转子对应一个定子形成的一个马达）组成，这种传动系统在实际应用中存在着一定的不足。因此，开发新型液压元件是解决实际需求的方法之一。

　　内外啮合构型齿轮泵与马达在一个壳体内形成多个内啮合齿轮马达与多个外啮合齿轮马达。内啮合齿轮马达为内马达，外啮合齿轮马达为外马达，内外马达既可以独立工作又可以联合工作。本书以内外啮合齿轮马达、输出轴力平衡型多输入齿轮马达、多输出内啮合齿轮泵三种内外啮合构型齿轮泵与马达为研究对象，对其结构原理、静力学特性、动力学特性和流体力学性能等分别进行了详细的阐述。

　　第 1 章概述了齿轮泵与齿轮马达的工作原理、研究现状和发展趋势；第 2 章介绍内外啮合齿轮马达，包括其结构原理、转速转矩特性、力学分析方法和关键零件仿真技术以及泄漏分析方法；第 3 章介绍输出力平衡型多输入齿轮马达，包括其结构特点、工作原理、建模方法、输出特性、泄漏分析、静力学特性及流场仿真技术；第 4 章介绍多输出内啮合齿轮泵，包括其工作原理、结构设计、受力与仿真、流量脉动与泄漏分析、流场数值模拟方法等；第 5 章介绍内外啮合齿轮马达、输出轴力平衡型多输入齿轮马达和多输出内啮合齿轮泵的原理性实验，包括实验系统的设计和搭建、样机及实验平台的搭建以及实验数据分析等。除了第 1 章对齿轮泵与齿轮马达进行概述，其余章节均为自主知识产权的研究内容。

　　本书内容对于提高我国液压基础件的研究水平具有重要的实用价值和指导意义。可为从事液压元件和系统研究、设计制造、使用维修等人员提供技术支持，也可作为大中专院校机械相关专业师生的教学参考书，更可用于液压专业的研究生教材。

　　本书第 1 章由闻德生、吕世君撰写，第 2～5 章由刘忠迅撰写。撰写过程中，得到了河南省科技攻关计划（项目编号 252102320175）、黄淮学院青年骨干教师资助计划、液压与气压传动黄淮学院思政样板课程项目的支持与黄淮学院刘巧燕博士的帮助，在此一并表示感谢。

　　由于水平所限，书中疏漏和不足之处在所难免，欢迎读者批评指正。

著　者

Contents 目录

第**3**章

输出轴力平衡型
多输入齿轮马达
052

第 1 章　齿轮泵与齿轮马达概述

液压技术具有功率密度大、易于调速与控制等特点，广泛应用于工程机械、农业机械、矿山机械等领域。然而受节流效应的影响，目前所广泛使用的阀控系统的能量转换率往往很低，典型的液压机械挖掘机的效率大都不到 30%。能量损耗高意味着效率低与废气排放多，会对人类生活和社会经济带来各种恶劣影响。本书所研究的多输出内外啮合齿轮泵与马达在一个壳体内分布着多个内泵（马达）和多个外泵（马达），内外泵（马达）可以联合工作，也可以独立工作，形成多输出齿轮泵（马达），通过容积控制能够极大地提高液压系统的能量转换效率。

1.1
齿轮式液压泵及马达的分类

齿轮泵（马达）按齿轮啮合的形式可以分为外啮合齿轮泵（马达）和内啮合齿轮泵（马达）；按齿形曲线的不同可以分为渐开线齿形、圆弧齿形以及摆线齿形齿轮泵（马达）；按齿面形式的不同可以分为直齿齿轮式、人字齿齿轮式、斜齿齿轮式以及圆弧齿面齿轮式齿轮泵（马达）；按啮合的齿轮数量不同可以分为二齿轮式以及多齿轮式；按级数不同可以分为单级齿轮泵（马达）和多级齿轮泵（马达）。除此之外，不同结构的齿轮泵（马达）还可按照齿形分类，以外啮合齿轮泵为例，其可分为直齿圆柱齿轮泵、斜齿轮泵、人字齿轮泵三种，如图 1-1 所示。三种齿轮泵的特点各有不同，直齿圆柱齿

(a) 直齿圆柱齿轮　　　　　　(b) 斜齿轮　　　　　　(c) 人字齿轮

图 1-1　按照齿形分类

轮泵具备在较高压差条件下工作的能力；斜齿轮泵工作时噪声较小，困油现象得到改善；人字齿轮泵具有以上两种外啮合齿轮泵的优点，但对加工精度要求更高，成本较高。

另外，按照泵的尺寸、排量和功率的大小，齿轮泵（马达）也可分成微型、微小型、常规型三类，如表 1-1 所示。微小型容积式泵具有尺寸小、重量轻、惯量小和能耗低的特点，同时也有自吸性好和功率密度大的优点，在消防、海水淡化、食品等领域具有广阔应用前景。

表 1-1　泵的不同分类方法

项　目	微型泵	微小型泵	常规型泵
特征尺寸/mm	<1	1～50	>50
排量规格/(mL/r)	<0.1	0.1～10	>10
功率大小/W	<10	10～1000	>1000

1.2
齿轮式液压泵及马达的工作原理

1.2.1　外啮合齿轮泵的工作原理

如图 1-2 所示为外啮合齿轮泵的工作原理简图。由于齿轮两端面与泵盖的间隙以及齿轮的齿顶与泵体内表面的间隙都很小，因此一对啮合的轮齿将泵体、前后泵盖和齿轮包围的密封容积分隔成左、右两个密封工作腔。当原动机带动齿轮按如图 1-2 所示方向旋转时，右侧的轮齿不断退出啮合，其密封工作腔容积逐渐增大，形成局部真空，油箱中的油液在大气压力的作用下经泵的吸油口进入吸油腔。左侧的轮齿不断进入啮合，随着齿轮的转动，吸入的油液被齿间转移到左侧的密封工作腔。左侧进入啮合的轮齿使压油腔容积逐渐减小，把齿间油液挤出，从压油口输出，压入液压系统，这就是齿轮泵的吸油和压油过程。齿轮连续旋转，泵连续不断地吸油和压油。

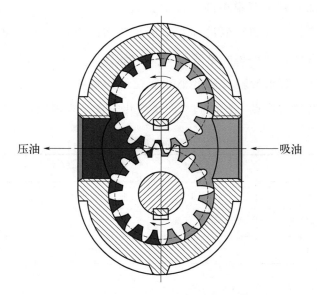

图 1-2　外啮合齿轮泵的工作原理简图

1.2.2　内啮合齿轮泵的工作原理

如图 1-3 所示为内啮合渐开线齿轮泵工作原理，内啮合渐开线齿轮泵主要由主动齿轮 1、从动齿轮 3、月牙板 2、轴及轴承、侧板等组成。其工作原理为相互啮合的主动齿轮 1 和从动齿轮 3 与侧板围成的密封容积被月牙板 2 和齿轮的啮合线分隔成两部分，即形成吸油腔和压油腔。当传动轴带动小齿轮按如图 1-3 所示方向旋转时，外齿轮同向旋转。图 1-3 中上半轮齿脱开啮合。密封容积逐渐增大，形成局部真空度，油液在大气压作用下进入密封容积内，即吸油；下半轮齿进入啮合，使其密封容积逐渐减小，油液被挤压，压力增大，即排油。

1.2.3　齿轮马达的工作原理

齿轮马达的结构特点和工作原理如图 1-4 所示，图中 P 为两齿轮的啮合点。设齿轮的齿高为 h，啮合点 P 到两齿根的距离分别为 a 和 b，由于 a 和 b 都小于 h，所以当压力油作用在齿轮面上时两个齿

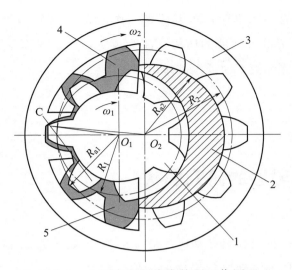

图 1-3　内啮合渐开线齿轮泵工作原理

1—小齿轮（主动齿轮）；2—月牙板；3—内齿轮（从动齿轮）；4—吸油腔；5—压油腔；

R_1—主动齿轮分度圆半径；R_2—从动齿轮分度圆半径；R_{a1}—主动齿轮齿顶圆半径；

R_{a2}—从动齿轮齿顶圆半径；ω_1—主动齿轮角速度；ω_2—从动齿轮角速度；C—主动齿轮啮合轮齿

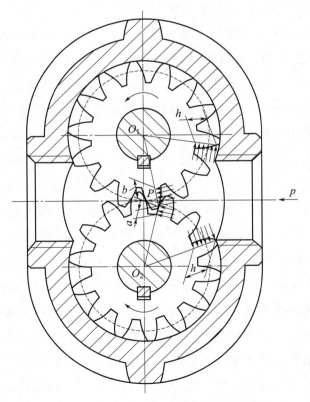

图 1-4　齿轮马达的工作特点和工作原理

轮上都有一个使它们产生转矩的作用力 $pB(h-a)$ 和 $pB(h-b)$，其中 p 为输入油液的压力，B 为齿宽，在上述作用力下，两齿轮旋转，并将油液带回低压腔排出。

1.3
齿轮式泵及马达的研究现状

对于齿轮式泵及马达，最早由科学家罗默提出用外摆线为齿轮齿廓，以便得到运行平稳的齿轮，但加工难度高且对中心距误差敏感，现仅用于表业等精密行业。1765 年欧拉建议以渐开线作为齿廓曲线，渐开线齿廓在后续的发展中得到深入的研究。目前，关于齿轮泵与马达的研究主要集中在小型化、流量脉动、高速化等方面。

针对液压齿轮泵小型化的研究开展较早。1996 年，采用精密微加工工艺制备的微型齿轮泵（直径 $596\mu m$，高度 $500\mu m$）成功实现工程化应用。该器件以液压油为工作介质，可实现背压值 $\geqslant$ 0.12MPa 且输出流量达 1mL/min 的流体传输性能。特别值得注意的是，该泵对工作介质中夹带的气泡及微米级颗粒物具有良好耐受性，同时能够在高黏度流体工况下（典型如液压油）实现精密容积式配流控制，其驱动转速可达 2250r/min。2003 年，Micropump 公司研发出一种微型内啮合齿轮泵，其外形尺寸为直径 13mm、长度 68mm，具备流量精确调控及脉动抑制功能，最大流量可达 300mL/min。2004 年，德国卡尔斯鲁厄科研中心研究团队（T. Ietzelt, et al）创新性地将微陶瓷粉末注射成型（μCIM）技术引入微小型内啮合齿轮泵制造领域。通过系统性的工艺参数优化与流程改进，成型部件表面粗糙度获得显著改善（R_a 值降低至亚微米级），成功实现了高精度尺寸公差控制（IT4 级精度），完全满足精密液压元件对几何特征的严苛技术要求。2017 年，研究人员 Alam MNHZ 及其团队通过熔融沉积成型（FDM）增材制造工艺，采用聚丙烯酸酯类光敏树脂 Vero 作为成型材料，成功制备出三维外啮合齿轮泵结构体，实验数据显示单件成型时间仅需数分钟。该齿轮泵在 25MPa 的高背压条件下仍能维持 230mL/min 的流量，经持续负载测试验证其液压系统可持续稳定运行 35h 无显著性能衰减。

在齿轮泵流量脉动特性的研究方面，2005 年，Kuo Jao Huang 研究团队针对外啮合齿轮泵的流量动态特性开展了系统性研究。通过构建渐开线齿廓数学模型并应用控制体积方法，首次推导出该型泵的无量纲化流量解析表达式及脉动系数计算公式。团队采用数值模拟方法验证了卸荷槽结构的流体动力学效应，其流量脉动抑制效果显著。研究最终通过参数敏感性分析系统论证了齿数、模数、压力角及齿顶间隙等几何参数与流量脉动的非线性耦合关系。2017 年，那不勒斯费德里克二世大学的 Emma Frosina 等人构建了高压外啮合齿轮泵的内部流场模型，涵盖齿轮泵所有内部泄漏及流量脉动等现象，模拟结果接近实体运行状态，对研究高压泵性能具有重要意义。同年，美国普渡大学 Andrea Vacca 团队设计非对称渐开线齿轮，推导其瞬时流量及流量偏差的数学表达式并优化，优化后齿轮性能优于标准齿轮，显著降低流量不均匀性。2019 年，研究者还以齿轮泵为例分析流量脉动源，提出脉动为位移解与增压解叠加，推导两者对流量脉动的影响，为物理实验研究提供基础。

在齿轮泵高速化的研究方面。2015 年，Ishibashi 研究团队基于连续单点啮合原理，成功研发了具有圆弧齿形特征的旋转平面齿轮副，并将其应用于高压高速工况下的齿轮泵系统。该研究通过构建数学模型对泵体的关键性能参数（包括容积效率、径向载荷分布、轴向应力特性及传动扭矩波动）进行了量化分析。同时采用数值模拟方法，系统分析了齿轮副间隙流场的多相流动力学特性，重点揭示了介质泄漏路径、黏性热效应引发的温升现象以及局部低压区产生的气蚀机理。2016 年，Choi TH 及其研究团队针对高速渐开线齿轮泵开展系统性研究，通过实验数据分析阐明了啮合齿轮副中心距参数对高速工况下液压系统性能的影响机制。研究结果表明：当中心距恒定时，容积效率参数中的流量指标与驱动轴转速呈线性正相关关系；而在转速恒定的实验条件下，流量输出特性与齿轮轴向载荷力矩均随中心距尺寸的增大呈现显著线性增长趋势。2018 年，

R. Castilla 团队研究了圆弧齿廓在高速齿轮泵中的应用,分析了径向力及其波动规律,并开发出新型径向力补偿轴承。通过流体力学分析发现,配置压力腔的滑动轴承可有效降低磨损。2019 年,美国普渡大学 Divya Thiagarajan 团队研究发现,润滑间隙内与补偿元件运动方向相反的摩擦力会导致轴向平衡系统产生滞后效应。这种现象使得泵在运行时的润滑间隙受先前运动状态影响,从而为压力补偿系统的设计提供了新的思路。

在变量齿轮泵的研究方面。2014 年,美国普渡大学 Ram Sudarsan Devendran 和 Andrea Vacca 提出变量外啮合齿轮泵,通过在齿轮侧面设置可移动滑块改变流量,流量变化幅度达 40%。在 2016 年开展的试验研究中,系统在 12MPa 的高压工况下运行,操作者可对输出流量进行多级调节设定,同时将滑块位移量与系统额外泄漏量的关联性纳入综合考量。2018 年,Tankasala Srinath 与 Vacca Andrea 确定了齿轮和变流量机构尺寸的多目标优化方法,并在 0.3MPa 的低压工况下进行试验,其流量变化率可达 31%。

在齿轮泵能效优化研究领域,学者们相继开展了一系列探索性工作。2009 年,Abdul Wahab 基于泄漏率与进出口压差平方根呈线性关系的假设,建立了齿轮泵内部泄漏的数学模型,并通过实验验证了内泄漏量随转速提升呈单调递增规律。2014 年,加泰罗尼亚理工大学 David del Campo 研究组采用数值模拟与实验对比方法,系统研究了空化效应对齿轮泵容积效率的作用机理,其研究揭示了空化云在低压工况下可作为虚拟接触点提升密封性能,而在高压条件下因空化现象消失导致该增效机制失效的重要发现。2019 年,德黑兰大学 Farhad Sedri 课题组提出了一种新型齿轮副结构优化方案,通过设计由齿顶浅槽和齿根浅槽构成的对称式减压槽结构,成功实现了内泄漏量 15.7% 的降幅,但流体动力学仿真与有限元分析表明该结构会导致齿轮抗弯强度下降 23%,且在转速超过 2500r/min 时诱发高频压力脉动和剧烈空化现象。

在提高齿轮泵效率的研究方面。2009 年,Abdul Wahab 假设泄漏流量与泵压差平方根成比例,预测了泵的内部泄漏,并得到内泄漏随转速增大而增大的结论。2014 年,加泰罗尼亚理工大学 David del Campo 等人研究空化对齿轮泵效率的影响，发现空化云在低压下充当虚拟接触点，有利于提高容积效率，在高压下空化云不存在，空化不再有利于效率的提高。2019 年，德黑兰大学 Farhad Sedri 等人在齿轮上开设减压槽，由齿轮的每一侧上的两个浅槽组成，其中一个位于齿轮尖端，另一个位于齿轮根部附近，该方法可减小内泄漏，但会降低齿轮强度，并在高速下导致高压脉动和极大的空化。

在齿轮泵空化噪声研究领域，各国学者相继开展了系统性探索。2014 年，意大利费拉拉大学 Emiliano Mucchi 团队针对外啮合齿轮泵，创新性地构建了集集中参数模型、有限元模型与边界元模型于一体的多尺度仿真体系。该研究不仅实现了泵体振动噪声生成机理的定量解析，还通过流固耦合效应建模准确表征了油膜动力学特性，其建立的综合模型被后续研究确立为齿轮泵结构设计优化的重要工具。2018 年有学者突破传统观测方法，采用振动-声学联合检测技术对外啮合齿轮泵气穴现象进行量化评估，首次通过实验验证液压油温升会显著扩展空化现象发生的临界转速区间。在噪声控制方面，萨马拉国立研究大学 Leonid Rodionov 团队于 2017 年通过频谱分析成功解耦齿轮泵噪声源，揭示其机械噪声与流体噪声的协同作用机制，并通过材料改性实验证实采用 PPS（聚苯硫醚）与 PEEK（聚醚醚酮）高分子复合材料可使机械噪声级降低 12～15dB。2019 年伦敦大学 Murali-Girija Mithun 团队进一步深化气蚀机理研究，发现当可压缩介质中不凝性气体体积分数提升 2%～3% 时，气泡溃灭产生的局部高压可使气穴指数降低达 25%，这个发现为主动气蚀抑制提供了新思路。

对于齿轮马达，其结构与齿轮泵相似但功能互逆，为液压执行元件，是液压传动技术中常用的液压执行元件。2014 年浙江海洋学院的王舰针对广泛应用于甲板机械的摆线液压马达，提出将传统针轮定子-摆线转子的运动模式创新为摆线定子固定、针轮外行星啮合，并采用等速孔销输出机构与端面配油机构。该设计使 6-7 齿啮合样机的单位质量功率较传统结构提升约 30%，且通过三维建模验证了结构紧凑性与运动稳定性。2020 年，西华大学的赵战航针对三齿轮液压马达，通过优化结构，使其适应高温、高压及腐蚀环境。利用CAD/CAE 技术，完成多刚体动力学仿真、流场动态模拟及零部件静动态特性分析，验证了变位齿轮系统合理性及液压力平衡特性。2023 年，兰州理工大学的李祥聚焦非圆齿轮液压马达 3-4 阶变中距 NGW 轮系，通过几何分析建立太阳轮与内齿圈节曲线方程，采用包络法生成三维模型。对比轴转型与壳转型行星轮运动参数，以角排量脉动率评估运转平稳性，验证高阶椭圆型比帕斯卡蜗线型脉动率低 15％～20％。

1.4

齿轮泵与齿轮马达的发展趋势

根据现有研究成果可知，液压技术已实现与数学建模、固体力学、仿生机械学、微电子控制系统及计算机仿真技术的深度交叉融合，从而推动液压传动技术在基础理论研究和工业应用层面取得协同发展。为适应现代化发展需求并满足市场端对环保安全与能效优化的双重标准，当前液压技术演进方向已聚焦于环境友好型密封体系构建、能量损耗最小化控制、结构紧凑化与轻量化设计以及多功能模块集成等关键技术维度。其中，齿轮泵与马达作为液压系统的核心动力组件，其性能参数直接影响工业装备的工况适应性。针对日趋复杂的应用场景，急需通过结构创新设计、压力脉动抑制及容积效率提升等系统化改进方案，实现该类基础元件的迭代升级。

1.5

本书的主要研究内容

本书的研究内容依托国家自然科学基金项目"等宽曲线双定子多速马达关键技术研究"，以及河南省科技攻关计划项目"双定子多速叶片液压马达关键零部件的研究"、河南省科技攻关计划项目"基于压力共轨的集成型绿色液压执行单元关键技术研究",从"双定子"思想出发,力图打破原有齿轮马达的结构,实现在不改变输入流量的情况下,对齿轮马达的转速调节,从而探讨出一种新型结构的内外啮合齿轮马达。该新型结构的齿轮马达,与传统的齿轮马达的区别是:该齿轮马达在一个壳体中,有内啮合齿轮马达和外啮合齿轮马达。内啮合齿轮马达属于双定子液压马达,该马达的内马达的内齿轮与外马达的外齿轮共同形成一个环形齿轮,通过这个环形齿轮实现内啮合齿轮马达与外啮合齿轮马达的转速与转矩的输出。该马达在改变不同的供油方式下,可有多种排量,从而实现更大范围的转速和转矩调节。

第 2 章　内外啮合齿轮马达

节能环保是当今液压传动技术的重要研究方向，如果在设计研究中，在齿轮马达的输入流量和进出油口压差不变的情况下，从减少能源浪费的角度考虑，试图打破传统齿轮马达的结构原理，提出新型的齿轮马达结构，以便能够调节齿轮马达输出转速和转矩，从而达到液压系统节能、简化的目的。

将"双定子"的原理应用到齿轮马达中，把内啮合齿轮马达作为内马达，把外啮合齿轮马达作为外马达，内、外马达可单独工作，也可同时工作，从而使内啮合齿轮马达与外啮合齿轮马达共用一个壳体，内马达与外马达通过同一轴输出，就形成内外啮合齿轮马达。

2.1
内外啮合齿轮马达的结构原理

如图 2-1 所示为内外啮合齿轮马达的结构。

其主要结构特点有以下几个方面。

① 该齿轮马达在一个壳体内，有内啮合齿轮马达和外啮合齿轮马达，在此分别称其为内马达和外马达。与同体积的齿轮马达相比，该齿轮马达在一个壳体中多了一个齿轮马达，进一步扩展了齿轮马达的应用范围。

② 共齿轮 3 的内齿轮、小齿轮 4、月牙板 5、定位销 6 及壳体、进出油口组成内啮合齿轮马达。传统的内啮合齿轮马达通过小齿轮连接输出轴，输出转速和转矩。而该齿轮马达的内马达的输出通过内啮合齿轮马达的内齿轮，也就是共齿轮 3 连接输出轴实现输出转速与转矩。

③ 内马达与外马达的输出都通过共齿轮 3，连接输出轴，从而实现转速与转矩输出。内马达与外马达可以单独输出，也可以共同输出。

④ 共齿轮 3 与输出轴通过螺钉连接，把内马达与外马达共同的输出传递给输出轴。小齿轮 4 在小齿轮轴上悬臂放置，合理保证输出轴的位置。

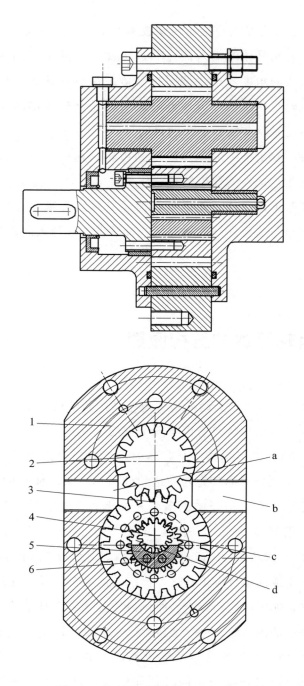

图 2-1　内外啮合齿轮马达的结构

1—壳体；2—大齿轮；3—共齿轮；4—小齿轮；5—月牙板；6—定位销；

a—外马达出油口；b—外马达进油口；c—内马达进油口；d—内马达出油口

⑤ 内马达与外马达都有各自独立的泄油通道，这样保证了在改

变马达不同的供油连接方式时，内、外马达工作的独立性，相互不受影响。

相较于传统的齿轮马达，内外啮合齿轮马达由内啮合齿轮马达与外啮合齿轮马达组成。借鉴"双定子"思想，以内啮合齿轮马达为内马达，外啮合齿轮马达为外马达，内、外两组马达既可以联合工作又可以独立工作。在给定马达输入流量和进出油口压差的情况下，通过控制内、外马达进出油口的供油连接方式，便可控制马达输出角速度和转矩。

如图 2-1 所示，马达工作时，高压油通入进油口 b 和 c，然后进入内、外马达的高压腔，处于高压腔的大齿轮 2、共齿轮 3、小齿轮 4 都受到压力油的推力作用，每对互相啮合的两个齿面，只有一部分处于高压腔，这样使得每个齿轮上的高压腔的各个齿面所受的切向液压力，对每个齿轮轴的力矩都是不平衡的。这样在高压腔内，每对相互啮合的齿轮受到的两个不平衡的切向液压力，即内马达的切向液压力和外马达的切向液压力。同理，在低压腔内，每对相互啮合的齿轮也会受到的两个不平衡的切向液压力，即内马达反向的切向液压力和外马达反向的切向液压力。于是，在内马达中，高压腔的切向液压力与低压腔的反向切向液压力不等，就会产生内马达的不平衡力矩，该不平衡力矩通过输出轴，实现输出转速与转矩。同理。在外马达中，也会产生外马达的不平衡力矩，实现外马达的输出。随着齿轮的转动，油液也就通过低压腔排出。

如图 2-2 所示为内外啮合齿轮马达的零件图与装配图。

(a) 共齿轮　　　　　　　　　　　　(b) 月牙板

图 2-2

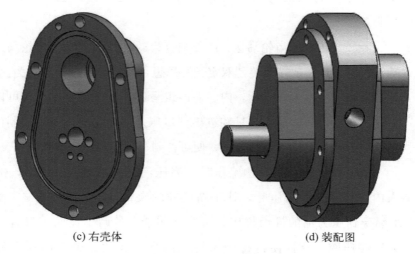

(c) 右壳体 (d) 装配图

图 2-2 内外啮合齿轮马达的零件图与装配图

2.2
内外啮合齿轮马达的扭矩特性

2.2.1 几何排量

齿轮马达的排量是扭矩输出齿轮转一圈排出液体的体积。对齿轮马达或齿轮泵，在工程计算上，选用一种近似计算。假设齿廓的工作容积（齿间容积减去径向齿隙容积）与轮齿的有效体积相等，那么齿轮马达的排量就等于一个齿轮的所有齿间工作容积与所有轮齿有效体积之和，即等于齿轮齿顶圆与基圆之间的环形圆柱的体积。扭矩输出齿轮每转一周，空转齿轮的轮齿将扭矩输出齿轮的全部齿间工作容积都挤到压油腔中去，在齿轮啮合过程中，扭矩输出齿轮转一圈所扫过的齿间工作容积的数量与空转齿轮所扫过的工作容积的数量相等，也就是扭矩输出齿轮齿顶圆与基圆之间的环形圆柱体积。环形圆柱体积为

$$V_m = 2\pi Z m^2 B \times 10^{-3} \tag{2-1}$$

式中　Z——扭矩输出齿轮齿数；

　　　m——模数，mm；

　　　B——齿宽，mm。

由于该齿轮马达的结构的特殊性，一个壳体内含有一个内啮合齿轮马达和一个外啮合齿轮马达，两个马达的扭矩输出齿轮是共齿轮。两个马达相互独立，既可以各自单独输出，也可联合输出。需要分别计算内啮合齿轮马达和外啮合齿轮马达的排量。

内啮合齿轮马达的排量为

$$V_{m_1} = 2\pi Z_{内1} m_1^2 B \times 10^{-3} \tag{2-2}$$

式中　$Z_{内1}$——共齿轮内齿轮齿数；

　　　m_1——内啮合齿轮模数，mm。

外啮合齿轮马达的排量为

$$V_{m_2} = 2\pi Z_{外2} m_2^2 B \times 10^{-3} \tag{2-3}$$

式中　$Z_{外2}$——共齿轮外齿轮齿数；

　　　m_2——外啮合齿轮模数，mm。

结合该新型液压马达的结构特点及马达不同的供油连接方式，可归纳出该马达所能实现的排量（表 2-1）。

表 2-1　不同连接方式下马达的排量

工作马达	内马达($i=1$)	外马达($i=2$)	内、外马达($i=3$)	差动连接($i=4$)
排量 V_{m_i}/mL	V_{m_1}	V_{m_2}	$V_{m_1} + V_{m_2}$	$V_{m_2} - V_{m_1}$

2.2.2　理论平均输出扭矩

由于内外啮合齿轮马达相当于 1 个内啮合齿轮马达与 1 个外啮合齿轮马达，传统的齿轮马达理论平均输出扭矩的计算公式对该马达同样适用。通过内外啮合齿轮马达的排量分析可知：在不同的供油连接方式的情况下，该新型齿轮马达可以实现 4 种排量的切换，如

表 2-1 所示，可得理论平均输出扭矩。

$$T_{m_i} = \frac{\Delta p_m V_{m_i}}{2\pi}$$ （2-4）

式中 Δp_m——马达进出油口压力差，Pa，$\Delta p_m = p_{进} - p_{出}$，$p_{进}$ 为
         进油口压力，$p_{出}$ 为出油口压力，一般假为 $p_{出} = 0$；
      V_{m_i}——在不同供油连接方式时马达所对应排量，$i = 1 \sim 4$。

2.2.3 扭矩分析

式(2-4) 中，理论输出扭矩无法反映内外啮合齿轮马达的瞬态特性，为了一步了解内外啮合齿轮马达的理论性能，必须对马达的瞬态特性进行必要分析。而内外啮合齿轮马达的瞬时扭矩是指马达输出扭矩随齿轮啮合点周期性的移动，在理论输出扭矩附近呈现周期性的波动。

一般假定马达进出口压差 Δp_m 为常数，马达的输入流量 Q_m 为常数，则有

$$\Delta p_m Q_m \eta_{mv} \eta_{mm} = T_m w_m = 常数$$ （2-5）

式中 η_{mv}——容积效率；
      η_{mm}——机械效率；
      T_m——瞬时输出扭矩，N·m；
      w_m——瞬时输出角速度，rad/s。

由式(2-5) 可知，T_m 与 w_m 呈反比例关系，所以对马达的瞬态特性进行必要分析时，对马达瞬时扭矩的研究等同于对马达瞬时转速的研究。下面是对内外啮合齿轮马达的瞬时输出扭矩的研究分析。

（1）内外啮合齿轮马达瞬时扭矩分析

内外啮合齿轮马达由内啮合齿轮马达与外啮合齿轮马达构成，内外啮合齿轮马达共同作用于该马达的输出扭矩。其中外啮合齿轮马达的扭矩输出齿轮是共齿轮的外齿轮，内啮合齿轮马达的扭矩输出齿轮也是共齿轮的内齿轮。共齿轮把外马达与内马达的输出扭矩共同作用到输出轴上，实现扭矩输出。所以，要分别对内马达的瞬

时扭矩与外马达的瞬时扭矩进行分析。

　　如图 2-3 所示为内啮合齿轮马达原理。给马达上侧进油口通入高压油 $p_{内g}$，液压力生成输出扭矩，使内外齿轮顺时针转动，低压油 $p_{内d}$ 从下侧出油口排出。在此过程中，一对内外齿轮相互啮合转动，当内齿轮转动 $d\theta_1$ 时，外齿轮转动 $d\theta_2$，分别由体积为 dV_1、dV_2 的油液提供给内外齿轮，总供液体积 $dV = dV_1 + dV_2$，那么供液压力能 $dE = (p_{内g} - p_{内d})(dV_1 + dV_2)$。输出机械能 $dW = T_1 d\theta_1 + T_2 d\theta_2$。

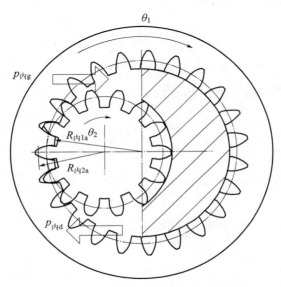

图 2-3　内啮合齿轮马达的原理

$p_{内g}$—进油口油液压力；$p_{内d}$—出油口油液压力；$R_{内1a}$—内齿轮齿顶圆半径；

$R_{内2a}$—外齿轮齿顶圆半径；θ_1—内啮合齿轮转角；θ_2—外啮合齿轮转角

　　根据能量守恒，在不计容积损失与机械损失的情况下，供液压力能等于马达输出机械能，于是可得

$$\begin{cases} dE = (p_{内g} - p_{内d})(dV_1 + dV_2) \\ dW = T_1 d\theta_1 + T_2 d\theta \\ dE = dW \end{cases} \tag{2-6}$$

$$(p_{内g} - p_{内d})(dV_1 + dV_2) = T_1 d\theta_1 + T_2 d\theta \tag{2-7}$$

式中　T_1——内啮合齿轮上的扭矩，N·m；

T_2——外啮合齿轮上的扭矩，N·m；

θ_1——内啮合齿轮转角，rad；

V_1——内啮合齿轮转动的供液体积，L；

V_2——外啮合齿轮转动的供液体积，L；

$p_{内g}$——进油口压力，Pa；

$p_{内d}$——出油口压力，Pa。

如图 2-3 可知，随着内齿轮的转动，当转过 $\mathrm{d}\theta_1$ 时，供给内齿轮的油液的体积 $\mathrm{d}V_1$ 等于内齿轮齿顶圆 R_{a1} 与啮合点矢径 R_{c1} 之间的齿形扫过的面积与齿厚的积，可知

$$\mathrm{d}V_1 = \frac{B}{2}(R_{c1}^2 - R_{a1}^2)\mathrm{d}\theta_1 \tag{2-8}$$

同理外啮合的供油体积 $\mathrm{d}V_2$：

$$\mathrm{d}V_2 = \frac{B}{2}(R_{a2}^2 - R_{c2}^2)\mathrm{d}\theta_2 \tag{2-9}$$

把式（2-8）和式（2-9）代入式（2-6）可知

$$\left(T_1 + T_2 \frac{\mathrm{d}\theta_2}{\mathrm{d}\theta_1}\right)\mathrm{d}\theta_1$$

$$= \frac{(p_{内进} - p_{内出})}{2}\left[(R_{c1}^2 - R_{a1}^2) + (R_{a2}^2 - R_{c2}^2)\frac{\mathrm{d}\theta_2}{\mathrm{d}\theta_1}\right]\mathrm{d}\theta_1 \tag{2-10}$$

我们可知，由于 $\dfrac{\mathrm{d}\theta_2}{\mathrm{d}\theta_1} = \dfrac{\mathrm{d}W_2}{\mathrm{d}W_1} = \dfrac{R_1'}{R_2'} = \dfrac{z_1}{z_2}$，上式可表示为

$$T_m = T_1 + T_2 \frac{R_1'}{R_2'}$$

$$= \frac{(p_{内进} - p_{内出})B}{2}\left[(R_{c1}^2 - R_{a1}^2) + (R_{a2}^2 - R_{c2}^2)\frac{R_1'}{R_2'}\right] \tag{2-11}$$

式中　T_m——内啮合齿轮马达输出扭矩，即折算到内齿轮轴上的输出扭矩，N·m；

R_1'——内齿轮节圆半径，m；

R_2'——外齿轮节圆半径，m；

R_{a1}——内齿轮齿顶圆半径，m；

R_{a2}——外齿轮齿顶圆半径，m；

R_{c1}——啮合点到 O_1 的距离，m；

R_{c2}——啮合点到 O_2 的距离，m。

在内啮合齿轮马达，内、外齿轮啮合过程中，O_1 为内齿轮圆心，O_2 为外齿轮圆心，CP 是齿轮啮合点 C 到节点 P 的距离，$CP = f$，M 是啮合点 C 在 O_1O_2 上的投影，如图 2-4 为内啮合齿轮马达啮合点位置，$CM = e$，$MP = k$，R_{c1}、R_{c2}、f、e、k 之间的关系如下：

$$\begin{cases} R_{c1}^2 = (R_1' + k)^2 + e^2 \\ R_{c2}^2 = (R_2' + k)^2 + e^2 \\ \quad f^2 = e^2 + k^2 \end{cases} \tag{2-12}$$

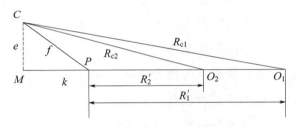

图 2-4　内啮合齿轮马达啮合点位置

另外，根据内外齿轮节圆与齿顶圆的关系

$$\begin{cases} R_{a1} = R_1' - h_1' \\ R_{a2} = R_2' + h_2' \end{cases} \tag{2-13}$$

将式(2-12) 和式(2-13) 代入式(2-11) 可得

$$T_m = \frac{(p_{内进} - p_{内出})B}{2} \Big[2R_1'(h_1' + h_2') - h_1'^2 + \tag{2-14}$$

$$\frac{R_1'}{R_2'} h_2'^2 + \Big(1 - \frac{R_1'}{R_2'}\Big) f^2 \Big]$$

式(2-14) 表示了内啮合齿轮马达的瞬时扭矩随啮合点 C 位置变化而变化的关系。由于马达进出油口压差 $\Delta p_m = p_{内进} - p_{内出}$，对于渐开线齿轮有以下特性：

$$f = R_j \varphi \qquad (2\text{-}15)$$

式中　R_j——马达扭矩输出齿轮基圆，m；

　　　　φ——扭矩输出齿轮随啮合点移动时的转角，rad。

结合本齿轮马达的结构，可以得出内外啮合齿轮马达内马达的瞬时转矩。

$$
\begin{aligned}
T_{m内} = \frac{1}{2} B \Delta p_m \Big[& 2R_{内1}(h_{内1} + h_{内2}) - h_{内1}^2 + \\
& \frac{R_{内1}}{R_{内2}} h_{内2}^2 - \Big(\frac{R_{内1}}{R_{内2}} - 1 \Big) R_{内j1}^2 \varphi_{内1}^2 \Big]
\end{aligned} \qquad (2\text{-}16)
$$

式中　B——齿宽，m；

　　　Δp_m——马达进出口压力差；

　　　$R_{内1}$——共齿轮内齿轮节圆半径，m；

　　　$R_{内2}$——小齿轮节圆半径，m；

　　　$h_{内1}$——共齿轮内齿轮齿顶高，m；

　　　$h_{内2}$——小齿轮齿顶高，m；

　　　$R_{内j1}$——共齿轮内齿轮基圆半径，m；

　　　$\varphi_{内1}$——啮合时共齿轮内齿轮的转角，rad。

通过对内啮合齿轮马达瞬时扭矩的分析计算，通过式（2-16），可以得出在确定马达结构尺寸的情况下，内啮合齿轮马达瞬时扭矩曲线是关于啮合时共齿轮内齿轮的转角 φ 的周期性二次曲线，如图 2-5 所示为内啮合齿轮马达啮合点位置的变化。

对于内啮合齿轮马达，由式（2-16）可以得出以下结论。

当 $\varphi_{内1} = 0$ 时，即啮合点处于内啮合齿轮马达节点 $P_内$ 时，此时瞬时扭矩最大，即

$$T_{m内\max} = \frac{1}{2} B \Delta p_m \Big[2R_{内1}(h_{内1} + h_{内2}) - h_{内1}^2 + \frac{R_{内1}}{R_{内2}} h_{内2}^2 \Big] \qquad (2\text{-}17)$$

当 $|\varphi_{内1}|$ 取最大时，即 $f = R_{内1}\varphi_{内1} = P_内 N_{内1} = N_{内1} N_{内2}/2$，啮合点在 $N_{内1}$ 或 $N_{内2}$ 位置时，一对啮合轮齿刚进入啮合以及刚要退出

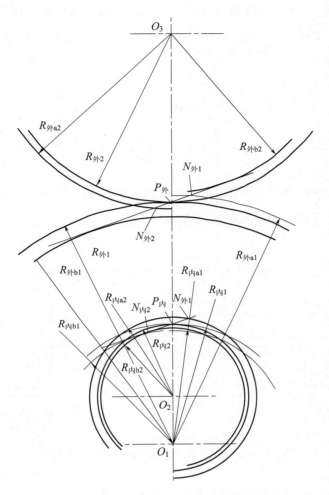

图 2-5　内啮合齿轮马达啮合点位置的变化

啮合时，此时的 f 最大，由式（2-16）得

$$
\begin{aligned}
T_{m内\min}=\frac{1}{2}B\Delta p_m&\left[2R_{内1}(h_{内1}+h_{内2})-h_{内1}^2+\right.\\
&\left.\frac{R_{内1}}{R_{内2}}h_{内2}^2-\left(\frac{R_{内1}}{R_{内2}}-1\right)\frac{(N_{内1}N_{内2})^2}{4}\right]
\end{aligned}
\tag{2-18}
$$

而对于渐开线内轮齿，有以下关系。

$$
N_{内1}N_{内2}=\varepsilon p_{内j}
\tag{2-19}
$$

式中　$p_{内j}$——齿轮基圆齿距，m；

ε——内啮合齿轮马达齿轮的啮合重合度，在此，取 $\varepsilon = 1$。

于是 $N_{内1}N_{内2} = p_{内j}$，又因为 $p_{内j} = \pi m_{内}\cos\alpha$，代入式（2-18）可得

$$T_{m内\min} = \frac{1}{2}B\Delta p_m \left[2R_{内1}(h_{内1}+h_{内2})-h_{内1}^2 + \right.$$
$$\left. \frac{R_{内1}}{R_{内2}}h_{内2}^2 - \left(\frac{R_{内1}}{R_{内2}}-1\right)\frac{(\pi m_{内}\cos\alpha)^2}{4} \right] \tag{2-20}$$

根据式（2-20）可得出马达的瞬时扭矩，如图 2-6 所示为内啮合齿轮马达的瞬时扭矩脉动曲线。

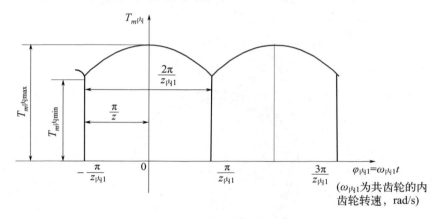

图 2-6　内啮合齿轮马达的瞬时扭矩脉动曲线

同理可直接写出外啮合齿轮马达的瞬时扭矩。

$$T_{m外} = \frac{1}{2}B\Delta p_m \left[2R_{外1}(h_{外1}+h_{外2})+h_{外1}^2 + \right.$$
$$\left. \frac{R_{外1}}{R_{外2}}h_{外2}^2 - \left(1+\frac{R_{外1}}{R_{外2}}\right)R_{外j1}^2\varphi_{外1}^2 \right] \tag{2-21}$$

式中　B——齿宽，m；

$R_{外1}$——共齿轮的外齿轮节圆半径，m；

$R_{外2}$——大齿轮节圆半径，m；

$h_{外1}$——共齿轮的外齿轮齿顶高，m；

$h_{外2}$——大齿轮齿顶高，m；

$R_{外j1}$——共齿轮的外齿轮节圆半径，m；

$\varphi_{外1}$——啮合时共齿轮的外齿轮的转角，rad。

由图 2-5 可知，对于外啮合齿轮马达，由式（2-21）可以得出以下结论。

当 $\varphi_{外1}=0$ 时，即啮合点处于内啮合齿轮马达节点 $P_外$ 时，此时瞬时扭矩最大，即

$$T_{m外\max}=\frac{1}{2}B\Delta p_m\left[2R_{外1}(h_{外1}+h_{外2})+h_{外1}^2+\frac{R_{外1}}{R_{外2}}h_{外2}^2\right] \quad (2\text{-}22)$$

当 $|\varphi_{外1}|$ 取最大时，即 $f=R_{外j}\varphi_{外1}=P_外\,N_{外1}=N_{外1}N_{外2}/2$，啮合点移动到 $N_{外1}$ 或 $N_{外2}$ 位置时，一对外啮合轮齿刚进入啮合以及刚要退出啮合时，此时的 f 最大，由式（2-20）得

$$T_{m外\min}=\frac{1}{2}B\Delta p_m\left[2R_{外1}(h_{外1}+h_{外2})+h_{外1}^2+\frac{R_{外1}}{R_{外2}}h_{外2}^2-\right.$$
$$\left.\left(1+\frac{R_{外1}}{R_{外2}}\right)\frac{(N_{外1}N_{外2})^2}{4}\right] \quad (2\text{-}23)$$

同样，由于是一对渐开线轮齿啮合，可知

$$N_{外1}N_{外2}=\varepsilon p_{外j} \quad (2\text{-}24)$$

式中　$p_{外j}$——外啮合齿轮马达的齿轮基圆齿距，m；

　　　ε——外啮合齿轮马达齿轮的啮合重合度，在此，同样取 $\varepsilon=1$。

如图 2-7 所示为外啮合齿轮马达的瞬时扭矩脉动曲线，于是 $N_{外1}N_{外2}=p_{外j}$，又因为 $p_{外j}=\pi m_外\cos\alpha$，代入式（2-23）得

$$T_{m外\min}=\frac{1}{2}B\Delta p_m\left[2R_{外1}(h_{外1}+h_{外2})+h_{外1}^2+\frac{R_{外1}}{R_{外2}}h_{外2}^2-\right.$$
$$\left.\left(1+\frac{R_{外1}}{R_{外2}}\right)\frac{(\pi m_外\cos\alpha)^2}{4}\right] \quad (2\text{-}25)$$

通过分析图 2-6 和图 2-7 可以得出，瞬时扭矩曲线是周期性的二次曲线，其一个周期分别为 $\dfrac{2\pi}{z_{内1}}$ 和 $\dfrac{2\pi}{z_{外1}}$，由于内外啮合齿轮马达的共齿轮的特殊结构，内齿轮与外齿轮同时安排在一个轮齿中，视为一

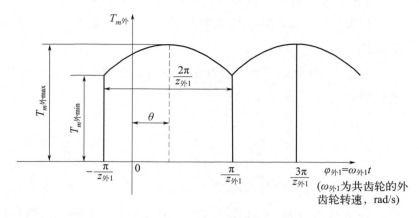

图 2-7　外啮合齿轮马达的瞬时扭矩脉动曲线

个刚体，那么

$$\omega_{共}=\omega_{内1}=\omega_{外1} \tag{2-26}$$

式中　$\omega_{共}$——共齿轮转速，rad/s；

　　　$\omega_{内1}$——共齿轮的内齿轮转速，rad/s；

　　　$\omega_{外1}$——共齿轮的外齿轮转速，rad/s。

　　由于内啮合齿轮马达与外啮合齿轮马达啮合时，啮合点的移动不一定一致，齿形的分布不一样，随着共齿轮的转动，内马达瞬时扭矩到达波峰与波谷时，共齿轮的转角不一定相同于外啮合齿轮马达到达波峰与波谷时的转角，如图 2-7 所示，其转角差为 θ。

　　对于内外啮合齿轮马达，所有齿轮都选用标准齿轮时，对于扭矩的计算可折算成标准齿轮的参数计算。于是对于内啮合齿轮马达有下面的计算。

$$\begin{cases} R_{内1}=\dfrac{1}{2}z_{内1}m_{内} \\[2ex] R_{内2}=\dfrac{1}{2}z_{内2}m_{内} \\[2ex] h_{内1}=h_{内2}=1 \end{cases} \tag{2-27}$$

式中　$z_{内1}$——共齿轮内齿轮齿数；

　　　$z_{内2}$——小齿轮齿数；

$m_{内}$——内啮合齿轮马达模数，mm。

由式（2-16）与式（2-27）可得

$$T_{m内} = \frac{1}{2} B \Delta p_m m_{内}^2 \left[2z_{内1} - \left(1 - \frac{z_{内1}}{z_{内2}}\right) + \left(1 - \frac{z_{内1}}{z_{内2}}\right) \frac{(R_{内j1} \varphi_{内1})^2}{m_{内}^2} \right]$$

$$(2\text{-}28)$$

对于外啮合齿轮马达同样可知

$$\begin{cases} R_{外1} = \frac{1}{2} z_{外1} m_{外} \\[2mm] R_{外2} = \frac{1}{2} z_{外2} m_{外} \\[2mm] h_{外1} = h_{外2} = 1 \end{cases}$$

$$(2\text{-}29)$$

式中　$z_{外1}$——共齿轮外齿轮齿数；

$z_{外2}$——大齿轮齿数；

$m_{外}$——外啮合齿轮马达模数，mm。

由式（2-12）与式（2-29）可知

$$T_{m外} = \frac{1}{2} B \Delta p_m m_{外}^2 \left[2z_{外1} + \left(1 + \frac{z_{外1}}{z_{外2}}\right) - \left(1 + \frac{z_{外1}}{z_{外2}}\right) \frac{(R_{外j1} \varphi_{外1})^2}{m_{外}^2} \right]$$

$$(2\text{-}30)$$

（2）不同连接方式的马达瞬时扭矩

如图 2-8 所示为内外啮合齿轮马达扭矩输出示意。

内外啮合齿轮马达由一个内马达和一个外马达组成，两个马达可以单独工作，也可同时工作。不同马达工作时，其输出扭矩也不相同，下面分情况讨论马达扭矩的输出特性。

当一个内马达工作时，如图 2-9 所示为单个内马达工作连接方式，内马达工作，外马达卸荷。

内外啮合齿轮马达的输出扭矩为

$$T = T_{m内} = \frac{1}{2} B \Delta p_m m_{内}^2 \left[2z_{内1} - \left(1 - \frac{z_{内1}}{z_{内2}}\right) + \left(1 - \frac{z_{内1}}{z_{内2}}\right) \frac{R_{内j1}^2 \varphi_{内1}^2}{m_{内}^2} \right]$$

$$(2\text{-}31)$$

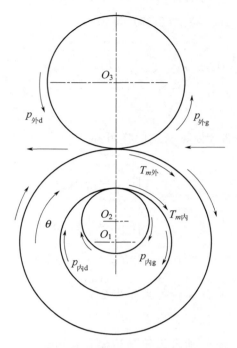

图 2-8 内外啮合齿轮马达扭矩输出示意

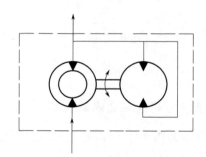

图 2-9 单个内马达工作连接方式

当一个外马达单独工作时，如图 2-10 所示为单个外马达工作连接方式，外马达工作，内马达卸荷。

内外啮合齿轮马达的输出扭矩为

$$T = T_{m外} = \frac{1}{2} B \Delta p_m m_外^2 \left[2z_{外1} + \left(1 + \frac{z_{外1}}{z_{外2}}\right) - \left(1 + \frac{z_{外1}}{z_{外2}}\right) \frac{R_{外j1}^2 \varphi_{外1}^2}{m_外^2} \right]$$

(2-32)

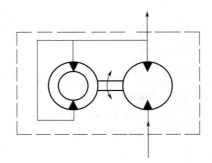

图 2-10　外马达单独工作

当内外马达同时工作时，如图 2-11 所示为内外马达同时工作连接方式。

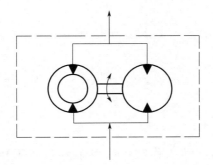

图 2-11　内外马达同时工作连接方式

内外啮合齿轮马达的输出扭矩为

$$T = T_{m内} + T_{m外}$$

$$= \frac{1}{2} B \Delta p_m m_内^2 \left[2z_{内1} - \left(1 - \frac{z_{内1}}{z_{内2}}\right) + \left(1 - \frac{z_{内1}}{z_{内2}}\right) \frac{R_{内j1}^2 \varphi_{内1}^2}{m_内^2} \right] +$$

$$\frac{1}{2} B \Delta p_m m_外^2 \left[2z_{外1} + \left(1 + \frac{z_{外1}}{z_{外2}}\right) - \left(1 + \frac{z_{外1}}{z_{外2}}\right) \frac{R_{外j1}^2 \varphi_{外1}^2}{m_外^2} \right]$$

$$(2\text{-}33)$$

当内外马达实现差动连接时，即高压油供给外马达，外马达通过共齿轮的转动，从而将内马达转动实现泵的功能，如图 2-12 为内外马达差动连接方式。

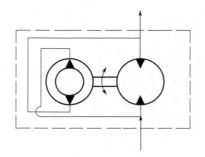

图 2-12　内外马达差动连接方式

内外啮合齿轮马达的输出扭矩为

$$T = T_{m外} - T_{m内}$$

$$= \frac{1}{2} B \Delta p_m m_{外}^2 \left[2z_{外1} + \left(1 + \frac{z_{外1}}{z_{外2}}\right) - \left(1 + \frac{z_{外1}}{z_{外2}}\right) \frac{R_{外j1}^2 \varphi_{外1}^2}{m_{外}^2} \right] -$$

$$\frac{1}{2} B \Delta p_m m_{内}^2 \left[2z_{内1} - \left(1 - \frac{z_{内1}}{z_{内2}}\right) + \left(1 - \frac{z_{内1}}{z_{内2}}\right) \frac{R_{内j1}^2 \varphi_{内1}^2}{m_{内}^2} \right]$$

$$（2\text{-}34）$$

当单个内马达工作时，或单个外马达工作时，两者独立，互不影响，对单个内外马达的输出研究意义不突出，下面重点介绍内外马达同时工作时的瞬时扭矩的分析。

由式（2-33）得

$$T = \frac{1}{2} B \Delta p_m m_{内}^2 \left[2z_{内1} - \left(1 - \frac{z_{内1}}{z_{内2}}\right) + \left(1 - \frac{z_{内1}}{z_{内2}}\right) \frac{R_{内j1}^2 \varphi_{内1}^2}{m_{内}^2} \right] +$$

$$\frac{1}{2} B \Delta p_m m_{外}^2 \left[2z_{外1} + \left(1 + \frac{z_{外1}}{z_{外2}}\right) - \left(1 + \frac{z_{外1}}{z_{外2}}\right) \frac{R_{外j1}^2 \varphi_{外1}^2}{m_{外}^2} \right]$$

$$（2\text{-}35）$$

由式（2-31）～式（2-33）可得，内外马达同时工作时，其瞬时扭矩是内马达的瞬时扭矩和外马达的瞬时扭矩的叠加。内马达的瞬时扭矩的曲线周期为 $2\pi/z_{内1}$，外马达的瞬时扭矩的曲线周期为 $2\pi/z_{外1}$，要使内外啮合齿轮马达的瞬时扭矩脉动性最小，必须让外马达瞬时扭矩的波峰位置恰好对应于内马达瞬时扭矩的波谷位置，且外马达瞬时扭矩的波谷位置恰好对应于内马达瞬时扭矩的波峰位置，如图 2-13 所示为内外啮合齿轮马达扭矩波动性分析。

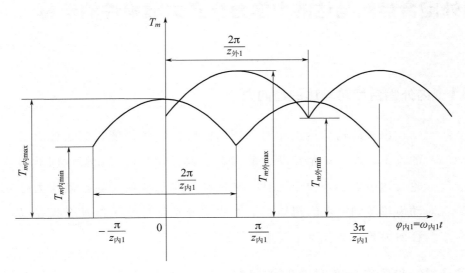

图 2-13　内外啮合齿轮马达扭矩波动性分析

如上述分析可知，对于齿轮马达而言，随着一对啮合齿轮的转动，啮合点也随之移动，从而齿轮马达扭矩出现周期性波动。当一对齿轮刚要进入或退出啮合时，马达输出扭矩最小；当一对齿轮在节点处啮合时，马达输出扭矩最大。于是可分析，要实现外马达瞬时扭矩的波峰位置恰好对应于内马达瞬时扭矩的波谷位置，且外马达瞬时扭矩的波谷位置恰好对应于内马达瞬时扭矩的波峰位置，那么必须满足外齿轮马达相互啮合转动中，轮齿刚进入或退出啮合时，恰好对应于内齿轮马达的一对轮齿在节点处啮合，且当外齿轮马达的一对轮齿在节点处啮合时，恰好内齿轮马达一对相互啮合轮齿刚进入或退出啮合。于是考虑该齿轮的特点，设计布置共齿轮的内齿轮与外齿轮的位置。所以该齿轮马达共齿轮的 $\dfrac{2\pi}{z_{内1}} = \dfrac{2\pi}{z_{外1}}$，即 $z_{内1} = z_{外1}$，共齿轮的内齿轮与外齿轮齿形错开的角度为 $\dfrac{\pi}{z_{内1}}$。

2.3

内外啮合齿轮马达的力学分析及关键零件的仿真

2.3.1　内外啮合齿轮马达的径向力

由于齿轮马达工作时，压力能转换成机械能，实现转矩与转速的输出，在一对相互啮合的齿轮上都作用着液压扭矩。内外啮合齿轮马达由内、外两个马达，高压油分别通入两马达，液压力分别推动齿轮转动产生的扭矩。下面我们分别计算分析外啮合齿轮马达的径向力与内啮合齿轮马达的径向力。

2.3.1.1　外啮合齿轮马达的径向力

齿轮马达的径向力，由分布在齿轮周围的液压力产生的径向力 F_p 和由于齿轮啮合产生的径向力 F_t 所组成。

（1）齿轮马达的齿轮圆周液压力所产生的径向力

由于齿轮马达圆周所受的液压力随圆周的分布不均，且在工作过程中，啮合点是不断变化的，齿轮马达圆周所受的径向力也是不断变化的，计算十分烦琐。在此为了计算方便，做以下近似假设：

① 所有齿轮马达圆周所受的液压力都作用在齿顶圆上；

② 一对啮合齿轮的中心线与低压油口边缘的夹角 φ' 为常数；

③ 从一对啮合齿轮的中心线起，由出油口的一侧沿着齿轮转动方向到进油口一侧的夹角 φ'' 为常数；

④ 从高压油口的边界起，沿着齿轮转动方向到节点之间的夹角 $2\pi-\varphi''$ 为常数；

⑤ 除去进、出油腔在齿轮圆周的液压力，在余下的一对啮合齿轮圆周角 $\varphi' \leqslant \varphi \leqslant \varphi''$ 之间的液压力呈直线规律的变化；

⑥ 齿轮马达的多个齿轮轴，不因受液压力的作用而变形，且沿

齿轮圆周的径向间隙是均匀的。

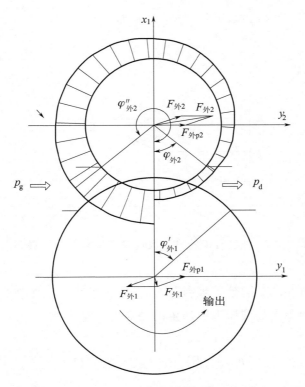

图 2-14 外啮合齿轮马达的大齿轮圆周压力的近似分布曲线

　　首先对外啮合齿轮马达的齿轮径向力进行计算。如图 2-14 所示为外啮合齿轮马达的大齿轮圆周压力的近似分布曲线。如图 2-15 所示为外啮合齿轮马达大齿轮圆周分布曲线展开图，设大齿轮的齿顶圆为 $R_{外e2}$，在外啮合齿轮马达齿顶圆上的取为 $d\varphi$ 的夹角，共齿轮的外齿轮的中心线与低压油口边缘的夹角为 $\varphi'_{外1}$，大齿轮的中心线与低压油口边缘的夹角为 $\varphi'_{外2}$，由出油口的一侧沿着共齿轮的外齿轮转动方向到进油口一侧的夹角 $\varphi''_{外2}$，由出油口的一侧沿着大齿轮转动方向到进油口一侧的夹角为 $\varphi''_{外1}$，其齿轮宽为 B，那么其微面积 $dA = BR_{外2e}d\varphi$，可得作用在 dA 上的液压力为

$$dF_p = p\,dA = pBR_{外2e}d\varphi \tag{2-36}$$

当 $0 \leqslant \varphi \leqslant \varphi'_{外2}$ 时，$p = p_d =$ 常数。

当 $\varphi'_{\text{外}2} \leqslant \varphi \leqslant \varphi''_{\text{外}2}$ 时，$p = p_{\text{d}} + \dfrac{p_{\text{g}} - p_{\text{d}}}{\varphi''_{\text{外}2} - \varphi'_{\text{外}2}} \ (\varphi - \varphi'_{\text{外}2})$。

当 $\varphi''_{\text{外}2} \leqslant \varphi \leqslant 2\pi$ 时，$p = p_{\text{g}} = $ 常数。

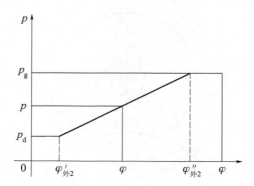

图 2-15　外啮合齿轮马达大齿轮圆周分布曲线展开图

由此经过微分定理与积分定理可推导出，外啮合齿轮马达的大齿轮圆周上的液压力所产生的径向力大小为

$$F_{\text{外}p2} = BR_{\text{外}2e}(p_{\text{外}g} - p_{\text{外}d})\left(1 + \frac{\sin\varphi'_{\text{外}2}}{\pi - \varphi'_{\text{外}2}}\right) \tag{2-37}$$

式中　$R_{\text{外}2e}$——大齿轮齿顶圆半径，m。

同理可以推导求得外啮合齿轮马达共齿轮圆周上所产生的径向力的大小为

$$F_{\text{外}p1} = BR_{\text{外}1e}(p_{\text{g}} - p_{\text{d}})\left(1 + \frac{\sin\varphi'_{\text{外}1}}{\pi - \varphi'_{\text{外}1}}\right) \tag{2-38}$$

式中　$R_{\text{外}1e}$——共齿轮的外齿轮齿顶圆半径，m。

（2）外啮合齿轮马达齿轮啮合产生的径向力

共齿轮上液压力产生的扭矩为

$$M_{\text{外}1} = \frac{1}{2}B(p_{\text{g}} - p_{\text{d}})(R^2_{\text{外}1e} - R^2_{\text{外}1c}) \tag{2-39}$$

式中　$R_{\text{外}1c}$——外啮合齿轮马达啮合点到共齿轮中心的距离，m。

大齿轮上液压力产生的扭矩为

$$M_{外2} = \frac{1}{2} B (p_g - p_d)(R_{外2e}^2 - R_{外2c}^2) \tag{2-40}$$

式中　$R_{外2c}$——外啮合齿轮马达啮合点到大齿轮中心的距离，m。

液压力作用在共齿轮齿面的扭矩 $M_{外1}$，直接传递给共齿轮（随齿轮啮合转动，共齿轮上 $M_{外1}$ 引起的径向力已包含了液压力作用的径向力 $F_{外p2}$）；大齿轮上通过液压力作用在齿面的扭矩 $M_{外2}$，首先传递到大齿轮，然后通过齿轮啮合作用传递给共齿轮。

根据机械原理，大小相同、方向相反的啮合力作用在外啮合齿轮马达的啮合线上。本马达通过共齿轮输出转矩与转速，那么作用在共齿轮和大齿轮上的啮合力为

$$F_{外T1} = F_{外T2} = \frac{M_{外2}}{R_{外j2}} = \frac{1}{2R_{外j2}} B (p_g - p_d)(R_{外2e}^2 - R_{外2c}^2) \tag{2-41}$$

齿轮马达实际工作中，啮合点的位置是不断变化的，进而 $R_{外2c}^2$ 与 $M_{外2}$ 也相应随之改变，计算起来十分烦琐。为了计算方便，一般近似取

$$R_{外2c} = R \tag{2-42}$$

式中　R——大齿轮节圆半径，m。

把式（2-41）代式（2-40）可得

$$F_{外T1} = F_{外T2} = \frac{M_{外2}}{R_{外j2}} = \frac{1}{2R_{外j2}} B (p_g - p_d)(R_{外2e}^2 - R^2) \tag{2-43}$$

两个外齿轮啮合时，啮合力大小相等，方向相反，与啮合线重合，即

$$\begin{cases} F_{外T1x} = -F_{外T2x} = \frac{M_{外2}}{R_{外j2}} = -\frac{1}{2R_{外j2}} B (p_g - p_d)(R_{外2e}^2 - R^2)\sin\alpha \\ F_{外T1y} = -F_{外T2y} = \frac{M_{外2}}{R_{外j2}} = -\frac{1}{2R_{外j2}} B (p_g - p_d)(R_{外2e}^2 - R^2)\cos\alpha \end{cases} \tag{2-44}$$

式中　α——齿轮啮合角，rad。

2.3.1.2　内啮合齿轮马达径向力

（1）内啮合齿轮马达沿齿轮圆周的径向力

如图 2-16 所示为内啮合齿轮小齿轮马达圆周压力的近似分布曲线，设小齿轮的齿顶圆为 $R_{内2e}$，在内啮合齿轮马达齿顶圆中取为 $\mathrm{d}\varphi$ 的夹角，共齿轮的内齿轮的中心线与低压油口边缘的夹角为 $\varphi'_{内1}$，小齿轮的中心线与低压油口边缘的夹角为 $\varphi'_{内2}$，由出油口的一侧沿着共齿轮的内齿轮转动方向到进油口一侧的夹角 $\varphi''_{内2}$，由出油口的一侧沿着小齿轮转动方向到进油口一侧的夹角为 $\varphi''_{内1}$，其宽为 B，那么其微面积 $\mathrm{d}A = BR_{内2e}\mathrm{d}\varphi$，可得作用在 $\mathrm{d}A$ 上的液压力为

$$\mathrm{d}F_{\mathrm{p}} = p\,\mathrm{d}A = pBR_{内e2}\,\mathrm{d}\varphi \tag{2-45}$$

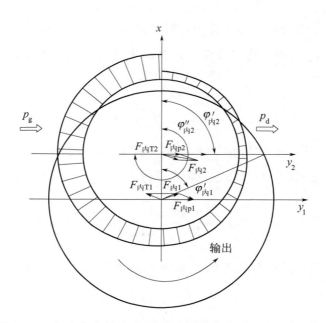

图 2-16　内啮合齿轮小齿轮马达圆周压力的近似分布曲线

当 $0 \leqslant \varphi \leqslant \varphi'_{内2}$ 时，$p = p_{\mathrm{d}} = $ 常数。

当 $\varphi'_{内2} \leqslant \varphi \leqslant \varphi''_{内2}$ 时，$p = p_{\mathrm{d}} + \dfrac{p_{\mathrm{g}} - p_{\mathrm{d}}}{\varphi'_{内2} - \varphi''_{内2}}(\varphi - \varphi'_{内2})$。

当 $\varphi''_{内2} \leqslant \varphi \leqslant 2\pi$ 时，$p = p_{\mathrm{g}} = $ 常数。

如图 2-17 所示为内啮合齿轮马达小齿轮圆周压力分布曲线展开图，由此经过微分定理与积分定理可推导出，内啮合齿轮马达的小齿轮圆周上的液压力所产生的径向力大小为

$$F_{内p2} = BR_{内2e}(p_g - p_d)\left(1 + \frac{\sin\varphi'_{内2}}{\pi - \varphi'_{内2}}\right) \tag{2-46}$$

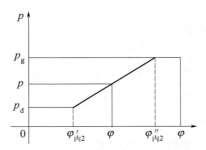

图 2-17　内啮合齿轮马达小齿轮圆周压力分布曲线展开图

对于内啮合齿轮马达，也可以推导求出其在共齿轮圆周上所产生的径向力的大小。

$$F_{内p1} = BR_{内1e}(p_g - p_d)\left(1 + \frac{\sin\varphi'_{内1}}{\pi - \varphi'_{内1}}\right) \tag{2-47}$$

式中　$R_{内1e}$——共齿轮的内齿轮的齿顶圆半径，m。

（2）内啮合齿轮马达齿轮啮合产生的径向力

共齿轮上液压力产生的扭矩为

$$M_{内1} = \frac{1}{2}B(p_g - p_d)(R_{内1c}^2 - R_{内1e}^2) \tag{2-48}$$

式中　$R_{内1c}$——内啮合齿轮马达啮合点到共齿轮中心的距离，m。

小齿轮上液压力产生的扭矩为

$$M_{内2} = \frac{1}{2}B(p_g - p_d)(R_{内2c}^2 - R_{内2e}^2) \tag{2-49}$$

式中　$R_{内2c}$——内啮合齿轮马达啮合点到小齿轮中心的距离，m。

与外啮合齿轮马达相同，液压力作用在共齿轮内齿面的扭矩

$M_{外1}$，直接传递给共齿轮（共齿轮上 $M_{外1}$ 引起的径向力已包含液压力作用的径向力 $F_{外p2}$）；通过液压力作用在小齿轮齿面的扭矩 $M_{外2}$，首先传递到小齿轮，然后通过齿轮啮合作用传递给共齿轮。

根据机械原理，大小相同、方向相反的啮合力作用在内啮合齿轮马达的啮合线上。不同的是该马达的内啮合齿轮马达的输出通过共齿轮输出转矩与转速，那么作用在共齿轮和小齿轮上的啮合力为

$$F_{内T1} = F_{内T2} = \frac{M_{内2}}{R_{内j2}} = \frac{1}{2R_{内j2}} B(p_g - p_d)(R_{内2e}^2 - R_{内2c}^2) \quad (2\text{-}50)$$

为了计算方便，对于内啮合齿轮一般近似计算，取

$$R_{内2c} = R_{内2} \quad (2\text{-}51)$$

式中 $R_{内2}$——小齿轮节圆半径，m。

把式（2-51）代入式（2-50）中，可得

$$F_{内T1} = F_{内T2} = \frac{M_{内2}}{R_{内j2}} = \frac{1}{2R_{内j2}} B(p_g - p_d)(R_{内2e}^2 - R_{内2}^2) \quad (2\text{-}52)$$

两齿轮的啮合力大小相等，方向相反，与啮合线重合，即

$$\begin{cases} F_{内T1x} = -F_{内T2x} = \dfrac{M_{内2}}{R_{内j2}} = -\dfrac{1}{2R_{内j2}} B(p_g - p_d)(R_{内2e}^2 - R_{内2}^2)\sin\alpha \\[3mm] F_{内T1y} = -F_{内T2y} = \dfrac{M_{内2}}{R_{内j2}} = -\dfrac{1}{2R_{内j2}} B(p_g - p_d)(R_{内2e}^2 - R_{内2}^2)\cos\alpha \end{cases}$$

$$(2\text{-}53)$$

式中 α——齿轮啮合角，rad。

2.3.1.3 径向力的合成计算

根据内外啮合齿轮马达的结构特点，可分析得到，该马达有 3 个零件受径向力：共齿轮的径向力、大齿轮的径向力、小齿轮的径向力。

（1）共齿轮的径向力合成

内马达与外马达都通过共齿轮实现输出，同时作用于共齿轮径

向力由两部分组成，即内马达作用于共齿轮的径向力和外马达作用于共齿轮的径向力。

① 单个外马达工作。

如图 2-18 所示，图中外马达齿轮啮合产生的径向力 $F_{外T1}$ 是向下的，与齿轮圆周压力 $F_{外p1}$ 成钝角，从而使径向力的合力减小，如图 2-18 所示是外马达单独工作共齿轮径向力合成的受力分析。

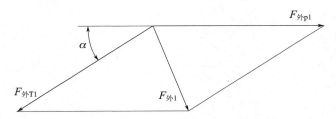

图 2-18 外马达单独工作共齿轮径向力合成的受力分析

共齿轮的径向力为

$$\begin{cases} F_{1x} = F_{外1x} = F_{外p1} - F_{外T1}\cos\alpha \\ F_{1y} = F_{外1y} = -F_{外T1}\sin\alpha \end{cases} \tag{2-54}$$

② 单个内马达工作。

如图 2-19 所示，图中内马达齿轮啮合产生的径向力 $F_{内T1}$ 是向上的，与齿轮圆周压力 $F_{内p1}$ 成钝角，从而使径向力的合力也减小，如图 2-19 所示为内马达单独工作共齿轮径向力合成的受力分析。

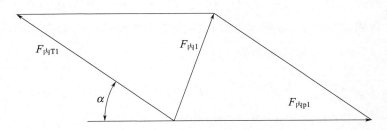

图 2-19 内马达单独工作共齿轮径向力合成的受力分析

共齿轮的径向力为

$$\begin{cases} F_{1x} = F_{内1x} = F_{内p1} - F_{内T1}\cos\alpha \\ F_{1y} = F_{内1y} = F_{内T1}\sin\alpha \end{cases} \tag{2-55}$$

③ 内外马达同时工作。

内马达与外马达工作时相互独立，互不影响，内马达与外马达同时工作的径向力就是内、外马达单独工作的相加合成，如图 2-20 所示为内、外马达同时工作共齿轮径向力合成的受力分析。

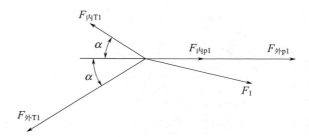

图 2-20　内、外马达同时工作共齿轮径向力合成的受力分析

共齿轮的径向力为

$$\begin{cases} F_{1x} = F_{内1x} + F_{外1x} = F_{内p1} + F_{外p1} - F_{内T1}\cos\alpha - F_{外T1}\cos\alpha \\ F_{1y} = F_{内1y} + F_{外1y} = F_{内T1}\sin\alpha + - F_{外T1}\sin\alpha \end{cases} \tag{2-56}$$

④ 内外马达差动工作。

内马达与外马达工作时相互独立，互不影响，差动连接工作时，把内马达当齿轮泵使用，齿轮泵工作时径向力与齿轮马达工作的径向力反向，于是差动时的径向力就是其内、外马达单独工作的相减合成，如图 2-21 所示为差动连接工作共齿轮径向力合成的受力分析。

共齿轮的径向力为

$$\begin{cases} F_{1x} = F_{外1x} - F_{内1x} = F_{外p1} - F_{内p1} - F_{外T1}\cos\alpha + F_{内T1}\cos\alpha \\ F_{1y} = F_{内1y} + F_{外1y} = - F_{外T1}\sin\alpha - F_{内T1}\sin\alpha \end{cases} \tag{2-57}$$

（2）大齿轮的径向力合成

内马达与外马达相互独立工作，如图 2-14 所示，图中外马达齿轮啮合产生的径向力 $F_{外2}$ 是向上的，与齿轮圆周压力 $F_{外p2}$ 成锐角，

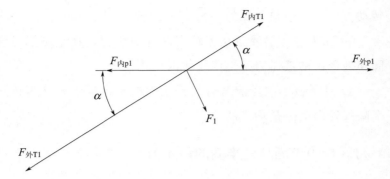

图 2-21　差动连接工作共齿轮径向力合成的受力分析

从而使径向力的合力增大。

大齿轮的总径向力大小为

$$F_{外2}=\sqrt{F_{外p2}^2+F_{外T2}^2+2F_{外p2}F_{外T2}\cos\alpha}\qquad(2\text{-}58)$$

（3）小齿轮的径向力合成

内马达与外马达相互独立工作，如图 2-16 所示，图中内马达齿轮啮合产生的径向力 $F_{内T2}$ 是向下的，与齿轮圆周压力 $F_{内p2}$ 成锐角，从而使径向力的合力增大。

小齿轮的总径向力大小为：

$$F_{内2}=\sqrt{F_{内p2}^2+F_{内T2}^2+2F_{内p2}F_{内T2}\cos\alpha}\qquad(2\text{-}59)$$

2.3.2　月牙板的径向力

在对月牙板进行受力分析时做如下近似计算：

① 所有内齿轮马达圆周所受的液压力都作用在月牙板内半圈和外半圈；

② 内啮合齿轮马达的啮合齿轮的中心线与低压油口边缘的夹角为常数；

③ 从内啮合齿轮的小齿轮中心线起，由出油口的一侧沿着齿轮转动方向到进油口一侧的夹角 θ' 为常数；

④ 从内啮合齿轮的内齿轮中心线起，由出油口的一侧沿着齿轮

转动方向到进油口一侧的夹角 φ' 为常数；

⑤ 除去进、出油腔在齿轮圆周的液压力，在余下的月牙板内半圈和外半圈的液压力呈直线规律的变化；

⑥ 月牙板不因受液压力的作用而变形，且沿月牙板内半圈和外半圈的径向间隙是均匀的。

2.3.2.1　月牙板内半圈与外半圈的液压力

如图 2-22 所示为月牙板所受液压力的分布曲线，在月牙板内半圈取夹角为 $d\theta$、宽为 B 的微面积 $dA = BR_{内2e}d\theta$，于是可得作用在 dA 上的作用力 $dF'_p = p\,dA = pBR_{内2e}d\theta$，$dF'_p$ 在 x、y 轴上的分力为

$$\begin{cases} dF'_{px} = pBR_{内2e}\cos\theta\,d\theta \\ dF'_{py} = pBR_{内2e}\sin\theta\,d\theta \end{cases} \tag{2-60}$$

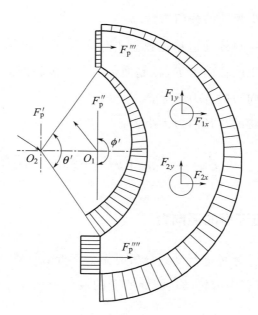

图 2-22　月牙板所受液压力的分布曲线

如图 2-23 所示为内啮合齿轮马达的月牙板内圈圆周压力分布曲线展开图，如图 2-24 所示为外啮合齿轮马达的月牙板内圈圆周压力分布曲线展开图。通过理论分析推导可知，当 $-\dfrac{\theta'}{2} \leqslant \theta \leqslant \dfrac{\theta'}{2}$ 时，可得

$$p = p_d + \frac{p_g - p_d}{\theta'} \left(\theta + \frac{\theta'}{2} \right) \tag{2-61}$$

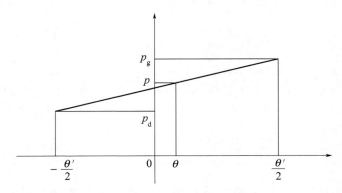

图 2-23　内啮合齿轮马达的月牙板内圈圆周压力分布曲线展开图

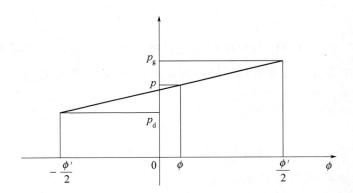

图 2-24　外啮合齿轮马达的月牙板内圆周压力分布曲线展开图

将式(2-61)代入式(2-60)中，积分可得

$$
\begin{aligned}
F'_{px} &= \int_{-\frac{\theta'}{2}}^{\frac{\theta'}{2}} BR_{内2e} \left[p_d + \frac{p_g - p_d}{\theta'} \left(\theta + \frac{\theta'}{2} \right) \right] \cos\theta \, d\theta \\
&= BR_{内2e} (p_g - p_d) \sin\frac{\theta'}{2}
\end{aligned}
\tag{2-62}
$$

$$
\begin{aligned}
F'_{py} &= \int_{-\frac{\theta}{2}}^{\frac{\theta}{2}} BR_{内2e} \left[p_d + \frac{p_g - p_d}{\theta'} \left(\theta + \frac{\theta'}{2} \right) \right] \sin\theta \, d\theta \\
&= BR_{内2e} (p_g - p_d) \left(\frac{2\sin\frac{\theta}{2}}{\theta} - \cos\frac{\theta}{2} \right)
\end{aligned}
\tag{2-63}
$$

同理，也可求出月牙板外半圈的液压力在 x、y 轴的分量分别为

$$F''_{px} = -\int_{-\frac{\phi}{2}}^{\frac{\phi}{2}} BR_{内1e}\left[p_d + \frac{p_g - p_d}{\phi'}\left(\phi + \frac{\phi'}{2}\right)\right]\cos\phi\,d\phi \tag{2-64}$$

$$= -BR_{内1e}(p_g + p_d)\sin\frac{\phi}{2}$$

$$F''_{py} = -\int_{-\frac{\phi}{2}}^{\frac{\phi}{2}} BR_{内1e}\left[p_d + \frac{p_g - p_d}{\phi'}\left(\phi + \frac{\phi'}{2}\right)\right]\sin\phi\,d\phi \tag{2-65}$$

$$= -BR_{内1e}(p_g - p_d)\left(\frac{2\sin\frac{\phi}{2}}{\phi} - \cos\frac{\phi}{2}\right)$$

由于在低压油腔月牙板半圆端液压力为常数，设月牙板半圆端面高度为 h，那么可求低压腔月牙板端面径向力 F'''_p。

$$F'''_p = p_g Bh \tag{2-66}$$

在高压油腔月牙板半圆端的压力也为常数，设月牙板半圆端面高度为 h（与低压腔月牙板端面高度相等），那么可求高压腔月牙板端面径向力 F''''_p。

$$F''''_p = p_d Bh \tag{2-67}$$

2.3.2.2　圆柱销力学分析

圆柱销在该马达的内马达中，起到固定月牙板的作用，根据月牙板的受力状况分析得知，两个圆柱销主要受剪切力的作用。如图 2-25 所示为月牙板与圆柱销的受力分析。

根据力学知识可列出以下方程。

$$\begin{cases} F_{1y} + F_{2y} = F'_{py} + F''_{py} \\ -2F_{2x}a = F'_{py}d - F'_{px}a + F''_{py}b - F''_{px}a + F'''_p(c-a) - F''''_p(c+a) \\ 2F_{1x}a = F'_{py}d + F'_{px}a + F''_{py}d + F''_{px}a + F'''_p(c+a) - F''''_p(c-a) \end{cases} \tag{2-68}$$

由于 F_{1y} 与 F_{2y} 同向，受加工精度的局限性和从马达使用的安全性考虑，为了满足圆柱销的强度安全，同时取 F_{1y} 与 F_{2y} 最大值，即

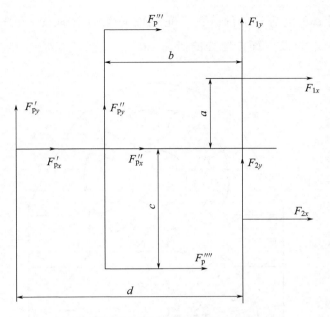

图 2-25　月牙板与圆柱销的受力分析

$$F_{1y} = F'_{py} + F''_{py} \tag{2-69}$$

$$F_{2y} = F'_{py} + F''_{py} \tag{2-70}$$

结合式(2-68)～式(2-70) 可得

$$
\begin{cases}
F_{1y} = F'_{py} + F''_{py} \\[4pt]
F_{2y} = F'_{py} + F''_{py} \\[4pt]
F_{1x} = \dfrac{1}{-2a}\left[F'_{py}d + F'_{px}a + F''_{py}d + F''_{px}a + F'''_{p}(c+a) - F''''_{p}(c-a)\right] \\[8pt]
F_{2x} = \dfrac{1}{2a}\left[F'_{py}d - F'_{px}a + F''_{py}b - F''_{px}a + F'''_{p}(c-a) - F''''_{p}(c+a)\right]
\end{cases}
\tag{2-71}
$$

2.4
内外啮合齿轮马达的泄漏分析

如图 2-26 所示为内外啮合齿轮马达的泄漏分析图，齿轮马达的

泄漏 ΔQ 包括三个部分：齿轮端面间隙的泄漏 ΔQ_s、径向间隙的泄漏 ΔQ_δ 以及齿面接触处的泄漏 ΔQ_n。

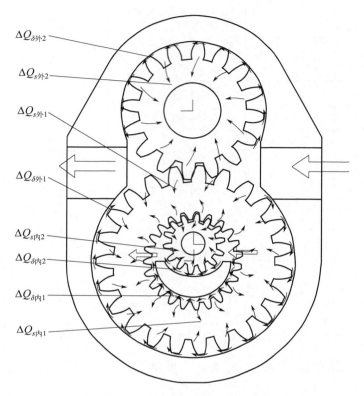

图 2-26　内外啮合齿轮马达的泄漏分析

从结构上看，内外啮合齿轮马达由内马达与外马达组成，虽然内外马达的结构原理相似，但其泄漏面及其泄漏途径也相似，于是首先对齿轮马达的泄漏方式进行分析，以便求出内外马达的泄漏，然后根据不同的连接方式，研究马达的泄漏状况。

2.4.1　齿轮马达端面间隙的泄漏

为了方便计算，不考虑齿轮端面相对于盖板的圆周运动引起的端面间隙的油液流动，可根据两个平行圆盘间隙流动理论计算端面泄漏。

（1）高压区的泄漏量

高压区的泄漏量为

$$\Delta Q'_s = \frac{\pi s^3 \Delta p}{6\mu \ln \frac{R_w}{R_z}} \frac{\theta}{2\pi} \times 60 \times 10^3 = \frac{\theta s^3 \Delta p}{2\mu \ln \frac{R_w}{R_z}} \times 10^4 \, (\mathrm{L/min}) \quad (2\text{-}72)$$

式中　Δp——马达高压腔与泄油腔（泄油腔与出油腔压力相同）液体的压差，Pa；

　　　s——齿轮端面间隙，m；

　　　θ——高压腔的包角，rad；

　　　R_w——齿轮齿根圆半径，m；

　　　R_z——齿轮轴半径，m；

　　　μ——油液的动力黏度，N·s/m²。

（2）过渡区的泄漏量

齿轮马达工作时，由于齿顶径向有间隙，因此液压力沿圆弧过渡区可看作呈线性变化，记过渡中壳体或月牙板与齿顶接触的齿数为 Z_0，那么处于过渡区的齿谷数就为 $Z_0 - 1$。过渡区的齿谷与壳体及其齿轮端面的侧板形成一个封闭容腔，设高压油沿径向间隙到低压腔，经过 Z_0 个齿顶的总压降为 Δp，那么每经过一个齿顶的压降为 $\frac{\Delta p}{Z_0}$，那么过渡区的泄漏量为

$$\Delta Q''_s = \frac{\pi s^2}{6\mu \ln \frac{R_w}{R_z}} \frac{1}{z} \Delta p \sum_{i=1}^{Z_0-1} \left(1 - \frac{i}{Z_0}\right) \times 60 \times 10^3$$

$$\quad (2\text{-}73)$$

$$= \frac{\pi s^3 \Delta p}{2\mu \ln \frac{R_w}{R_z}} \frac{Z_0 - 1}{Z} \times 10^4 \, (\mathrm{L/min})$$

对于该外啮合齿轮马达，大齿轮与共齿轮的外齿轮的直径不同，所以端面间隙的总泄漏为大齿轮与共齿轮的外齿轮端面间隙泄漏的和，即

$$\begin{aligned}
\Delta Q_{\text{外}s} &= \Delta Q_{\text{外}s1} + \Delta Q_{\text{外}s2} \\
&= 2(\Delta Q'_{\text{外}s1} + \Delta Q''_{\text{外}s1}) + 2(\Delta Q'_{\text{外}s2} + \Delta Q''_{\text{外}s2}) \\
&= 2 \frac{s_{\text{外}}^3}{\mu} \frac{\Delta p}{\mu} \left[\frac{1}{\ln \frac{R_{\text{外}1w}}{R_{\text{外}1z}}} \left(\theta_{\text{外}1} + \frac{Z_{\text{外}10} - 1}{Z_{\text{外}10}}\pi\right) + \right.
\end{aligned} \quad (2\text{-}74)$$

$$\frac{1}{\ln\dfrac{R_{\text{外}2w}}{R_{\text{外}2z}}}\left(\theta_{\text{外}2}+\frac{Z_{\text{外}20}-1}{Z_{\text{外}20}}\pi\right)\Bigg]\times10^4\,(\text{L/min})$$

式中 $s_{\text{外}}$——外齿轮马达齿轮端面间隙，m；

$\theta_{\text{外}1}$——共齿轮的外齿轮高压腔的包角，rad；

$\theta_{\text{外}2}$——大齿轮高压腔的包角，rad；

R_{1w}——共齿轮的外齿轮齿根圆半径，m；

R_{2w}——大齿轮齿根圆半径，m；

R_{1z}——共齿轮的外齿轮齿轴半径，m；

R_{2z}——大齿轴半径，m；

$Z_{\text{外}10}$——共齿轮外齿轮过渡区的齿数；

$Z_{\text{外}20}$——大齿轮过渡区的齿数；

μ——油液的动力黏度，$\text{N}\cdot\text{s}/\text{m}^2$。

对于内啮合齿轮马达，小齿轮与共齿轮的内齿轮的直径也不同，所以端面间隙的总泄漏为小齿轮与共齿轮的内齿轮端面间隙泄漏的和，即

$$\begin{aligned}
\Delta Q_{\text{内}s}&=\Delta Q_{\text{内}s1}+\Delta Q_{\text{内}s2}\\
&=2(\Delta Q'_{\text{内}s1}+\Delta Q''_{\text{内}s1})+2(\Delta Q'_{\text{内}s2}+\Delta Q''_{\text{内}s2})\\
&=2\frac{s_{\text{内}}^3\,\Delta p}{\mu}\Bigg[\frac{1}{\ln\dfrac{R_{\text{内}1w}}{R_{\text{内}1z}}}\left(\theta_{\text{内}1}+\frac{Z_{\text{内}10}-1}{Z_{\text{内}10}}\pi\right)+
\end{aligned}$$

$$\frac{1}{\ln\dfrac{R_{\text{内}2w}}{R_{\text{内}2z}}}\left(\theta_{\text{内}2}+\frac{Z_{\text{内}20}-1}{Z_{\text{内}20}}\pi\right)\Bigg]\times10^4\,(\text{L/min})$$

(2-75)

式中 $s_{\text{内}}$——内齿轮马达齿轮端面间隙，m；

$\theta_{\text{内}1}$——共齿轮的内齿轮高压腔的包角，rad；

$\theta_{\text{内}2}$——小齿轮高压腔的包角，rad；

$R_{\text{内}1w}$——共齿轮的内齿轮齿根圆半径，m；

$R_{\text{内}2w}$——小齿轮齿根圆半径，m；

$R_{\text{内}1z}$——共齿轮的内齿轮齿轴半径，m；

$R_{内2z}$——小齿轴半径，m；

$Z_{内10}$——共齿轮内齿轮过渡区的齿数；

$Z_{内20}$——小齿轮过渡区的齿数。

由式（2-75）可知，为了设法减小齿轮端面间隙泄漏量，在设计时尽量使齿根圆半径与齿轮轴之差取得大些，还要严格控制端面间隙 s。

2.4.2　齿轮马达径向间隙的泄漏

齿轮径向泄漏是高压腔油液经过齿顶圆径向间隙流到低压腔的泄漏，其泄漏途径如图 2-27 所示。径向泄漏占马达总泄漏量的 15%～20%。

因为马达壳体与齿顶的径向间隙 δ 很小，液压油液有一定的黏度，接触面对油液的黏附作用很强，故油液流动的雷诺数一般很小，属于层流运动。因此可应用两个平行平板间隙流动理论来分析计算径向泄漏。可认为壳体为静止的平板，同时旋转的齿顶看作是与静止平板做平行运动的平板，齿顶两边的压差为 $\dfrac{\Delta p}{Z_0}$，由此在齿顶间隙与壳体之间流过的油液泄漏速度 μ_1 呈抛物线分布，如图 2-27（a）所示，即

$$\mu_1 = \frac{\Delta p / Z_0}{2\mu S_\varepsilon}(\delta - y)y\,(\text{m/s}) \tag{2-76}$$

式中　y——距离齿顶任意高度，m；

　　　μ——油液的动力黏度，$\text{N} \cdot \text{s/m}^2$；

　　S_ε——齿顶厚度，m；

　　　δ——齿顶与壳体的径向间隙，m。

由于齿顶与径向间隙的油液的接触摩擦，齿顶的旋转运动引起间隙中油液的牵连运动，其流动速度 u_2 的线性分布，如图 2-27（b）所示，即

$$u_2 = v\left(1 - \frac{y}{\delta}\right) \tag{2-77}$$

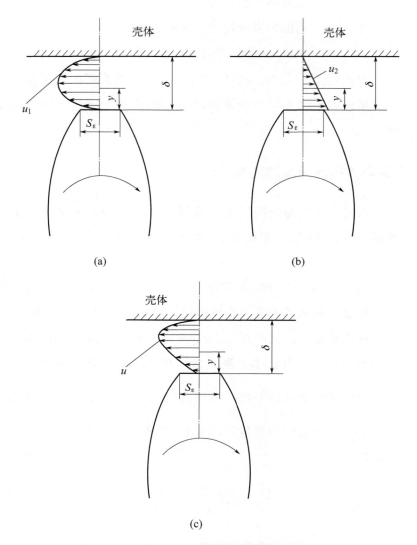

图 2-27　齿轮马达齿顶与壳体的径向间隙泄漏

式中　v——齿顶的线速度，m/s，$v = \dfrac{2\pi n}{60} R_\varepsilon$。

根据马达的旋转方向，齿顶与壳体径向泄漏速度 u 为上述 u_1 与 u_2 的合成，即

$$u = u_1 + u_2$$

$$= \frac{\Delta p / Z_0}{2\mu S_\varepsilon}(\delta - y)y + v\left(1 - \frac{y}{\delta}\right)$$

(2-78)

这样对 u 进行积分，可得齿轮马达的径向间隙泄漏，即

$$\Delta Q'_\delta = B \int_0^\delta u\,dy \times 60 \times 10^3$$

$$= \left(\frac{B\Delta p}{12\mu S_\varepsilon Z_0} \delta^3 + \frac{B\pi n R_\varepsilon}{60} \delta \right) \times 60 \times 10^3 \tag{2-79}$$

式中　B——齿宽，m；

$\quad\quad n$——齿轮转速，r/min；

$\quad\quad R_\varepsilon$——齿顶圆的半径，m。

由于外马达的两齿轮直径不同，所以径向间隙的总泄漏为大齿轮与共齿轮的外齿轮径向间隙泄漏的和，即

$$\Delta Q_{外\delta} = \Delta Q'_{外1\delta} + \Delta Q'_{外2\delta}$$

$$= B \left(\frac{\Delta p}{12\mu S_{外1\varepsilon} Z_{外10}} \delta_外^3 + \frac{\pi n_外 R_{外1\varepsilon}}{60} \delta_外 + \right.$$

$$\left. \frac{\Delta p}{12\mu S_{外2\varepsilon} Z_{外20}} \delta_外^3 + \frac{\pi n_外 R_{外2\varepsilon}}{60} \delta_外 \right) \times 60 \times 10^3 \tag{2-80}$$

式中　$\delta_外$——外马达齿顶与壳体的径向间隙，m；

$\quad\quad S_{外1\varepsilon}$——共齿轮的外齿轮齿顶厚度，m；

$\quad\quad S_{外2\varepsilon}$——大齿轮齿顶厚度，m；

$\quad\quad n_外$——外马达共齿轮转速，r/min。

由于内马达的两齿轮直径不同，所以径向间隙的总泄漏为小齿轮与共齿轮的内齿轮径向间隙泄漏的和，即

$$\Delta Q_{内\delta} = \Delta Q'_{内1\delta} + \Delta Q'_{内2\delta}$$

$$= B \left(\frac{\Delta p}{12\mu S_{内1\varepsilon} Z_{内10}} \delta_内^3 + \frac{\pi n_内 R_{内1\varepsilon}}{60} \delta_内 + \right.$$

$$\left. \frac{\Delta p}{12\mu S_{内2\varepsilon} Z_{内20}} \delta_内^3 + \frac{\pi n_内 R_{内2\varepsilon}}{60} \delta_内 \right) \times 60 \times 10^3 \tag{2-81}$$

式中　$\delta_内$——内马达齿顶与壳体的径向间隙，m；

$\quad\quad S_{内1\varepsilon}$——共齿轮的内齿轮齿顶厚度，m；

$\quad\quad S_{内2\varepsilon}$——小齿轮齿顶厚度，m；

$\quad\quad n_内$——内马达共齿轮转速，r/min。

第3章

输出轴力平衡型多输入齿轮马达

3.1 输出轴力平衡型多输入齿轮马达的结构与原理

3.2 输出轴力平衡型多输入齿轮马达的输出特性与泄漏

3.3 输出轴力平衡型多输入齿轮马达的静力学特性

3.4 输出轴力平衡型多输入齿轮马达的流场仿真

由于输出轴力平衡型多输入齿轮马达为对称结构，所以其输出轴所受到的径向力是平衡的，径向力的平衡可以显著地减小齿轮轴和轴承上总的作用力，有助于提高轴承的使用寿命并能提高其机械效率，而且在一个马达壳体内分布着三个内马达和三个外马达，内外马达可以联合工作也可以独立工作，从而可以输出多种定转速和定转矩。

3.1
输出轴力平衡型多输入齿轮马达的结构与原理

3.1.1　输出轴力平衡型多输入齿轮马达的结构特点

如图 3-1 所示为输出轴力平衡型多输入齿轮马达的结构图。

输出轴力平衡型多输入齿轮马达的具体结构特点主要体现在以下几个方面。

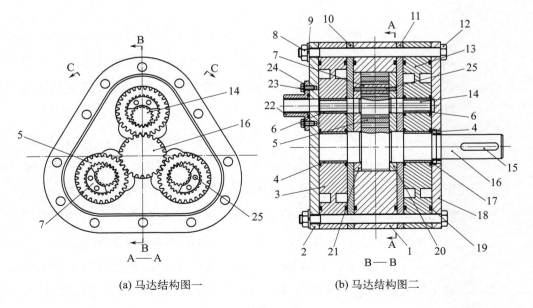

(a) 马达结构图一　　　　(b) 马达结构图二

图 3-1

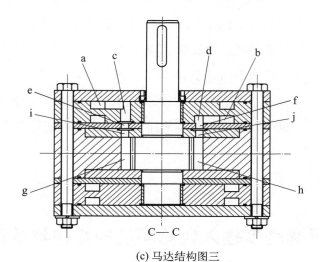

(c) 马达结构图三

图 3-1　输出轴力平衡型多输入齿轮马达的结构

1—壳体；2—后端盖；3—后配流板；4—大轴承；5—共齿轮；6—小轴承；7—月牙板；8—螺母；
9—弹簧垫片；10—后配流盘；11—前配流盘；12—六角螺栓；13—前配流板；14—小齿轮轴；
15—键；16—大齿轮轴；17—骨架油封；18—前端盖；19—O形密封圈；20—前浮动侧板；
21—后浮动侧板；22—法兰；23—六角螺栓；24—弹簧垫圈；25—圆柱销轴；a—前配流板
进油流道；b—前配流板出油流道；c—前配流板进油孔；d—前配流板出油孔；e—前配
流盘进油孔；f—前配流盘出油孔；g—马达吸油腔；h—马达排油腔；i—前浮动侧板进
油孔；j—前浮动侧板出油孔

① 新型的齿轮马达在一个马达壳体中有三个内马达与三个外马达，根据不同的工作情况，通过调节换向阀可以改变马达的工作方式，可以实现外马达和内马达联合或者单独工作，使得定量马达也可以输出多种定转速和定转矩。

② 三个小齿轮与月牙板、共齿轮和前后侧板构成了三个内马达，三个共齿轮与中心大齿轮、壳体和前后侧板构成了三个外马达，其中前后侧板是内马达与外马达的共用零件。三个共齿轮呈 120°分布，理论上来说，共齿轮和小齿轮的数量不一定只是三个，可以是多于三个或者是两个，但是在工程实际上并没有太大的实际意义。

③ 内马达与外马达的输出都是通过中心大齿轮上的输出轴对外输出转速和转矩，所以内马达与外马达可以单独工作，也可以联合工作。

④ 马达的左右两侧各有一个配流盘和一个配流板，配流板的前后两个面都开有通油流道，一面是进油流道，另一面为出油流道。通过配流盘对内马达或外马达进行配油，所以一侧的配流板和配流盘对内马达配油，另一侧的配流板和配流盘对外马达配油，因为有独立的配油装置，所以可以实现内外马达的独立工作。

⑤ 马达的左右两侧都有浮动侧板，可以实现端面间隙补偿，减小了轴向间隙，从而减小液压油的泄漏，增加马达的容积效率。浮动侧板上开有矩形卸荷槽，可以在一定程度上解决困油问题。

⑥ 三个共齿轮呈 120°分布，在大齿轮上，三个吸油口和三个压油口是沿圆周相间交替均布的，所以马达的输出轴上的径向液压力是平衡的。

3.1.2 输出轴力平衡型多输入齿轮马达的工作原理

与普通的齿轮马达相比，新型的齿轮马达最大的特点就是在一个马达壳体中可以形成不同的内外马达，内马达与外马达既可以分别工作，也可以联合工作，接下来以外马达为例介绍一下新型齿轮马达的工作原理。

如图 3-1 所示，马达的每一侧都有一个配流板、配流盘和浮动侧板，高压油通过配流板上的进油孔进入前配流板进油流道 a，然后依次通过前配流板进油孔 c、前配流盘进油孔 e 和前浮动侧板进油孔 i 进入马达吸油腔 g。此时外马达工作，内马达不工作，大齿轮轴为转矩输出轴，共齿轮为空转齿轮，处于高压腔内的大齿轮和共齿轮都受到压力油的作用。由于啮合点的存在，使得相互啮合的大齿轮和共齿轮的两个齿面只有一部分处在高压腔，因此处于高压腔中的两个齿轮的齿面所受到的切向液压力对各自齿轮轴的力矩是不平衡的。此时大齿轮和共齿轮上受到的不平衡切向液压力形成的力矩与低压腔中的低压液压力对两齿轮形成的反向力矩之差即为两个齿轮上的不平衡力矩，在不平衡力矩的作用下克服负载力矩而使大齿轮和共齿轮转动，马达的低压油由马达排油腔 h 依次通过前浮动侧板出油孔 j、前配流盘出油孔 f、前配流板出油孔 d 经由前配流板出油流道 b 排出马达。内马达的工作原理和外马达相同，在此不再叙述。新型齿轮马达可以通过调节实现四种不同的输出,分别为内马达单独工作、外马达单独工作、内马达与外马达同向工作、内马达和外马达差动连接,四种不同的工作方式对外输出四种不同的转速和转矩,马达的转速和转矩特性将会在后文进行详细介绍。

3.1.3　输出轴力平衡型多输入齿轮马达的优缺点

(1) 优点

① 新型的齿轮马达中三个共齿轮呈 120°分布,在大齿轮上,三个吸油口和三个压油口是沿圆周相间交替均布的,所以马达的输出轴上的径向液压力是平衡的,力的平衡可以显著地减小齿轮轴和轴承上总的作用力,有助于提高轴承的使用寿命以及提高机械效率,普通的齿轮马达总是存在径向力不平衡这个问题,这个缺陷在所设计的齿轮马达中被解决了。

② 新型齿轮马达内马达和外马达都有独立的配油装置,所以内马达和外马达可以独立工作,也可以联合工作,一个马达可以输出四种不同的转速和转矩,相比于普通的定量齿轮马达,新型马达多输出三种不同的转速和转矩,进一步扩大了其应用范围。

③ 新型齿轮马达与普通的同体积的齿轮马达相比拥有更大的排量,相同质量的马达可以输出更大的功率,要求输出相同功率的情况下马达的体积比较小,可以适用于比较狭窄的特殊工矿地段。

④ 由于内马达和外马达可独立工作,当调节内马达与外马达的初始相位角使其相差半个周期时,内马达与外马达输出扭矩的波峰和波谷相叠加,可以使马达输出的扭矩脉动小于普通的齿轮马达。

(2) 缺点

① 马达的结构相对于其他齿轮马达更复杂,加工难度较大,马达的加工成本相对于普通马达来说比较高,容积效率相对于普通的齿轮马达来说比较低。

② 马达的共齿轮是浮动状态的,在不平衡径向力的作用下其磨损比较严重。

3.1.4　输出轴力平衡型多输入齿轮马达的三维建模

新型齿轮马达结构比较复杂，用二维图表达马达的具体结构并不是很直观，为了对马达有一个更直观的了解，利用三维软件对马达的零件以及装配体进行三维建模，如图 3-2 所示。

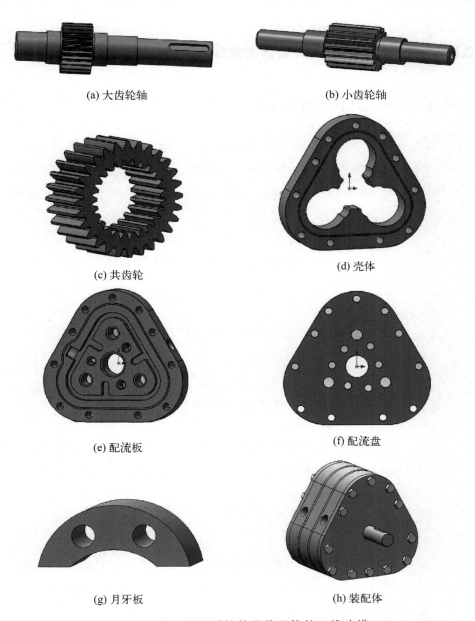

(a) 大齿轮轴　　　　　　　　　　　　(b) 小齿轮轴

(c) 共齿轮　　　　　　　　　　　　(d) 壳体

(e) 配流板　　　　　　　　　　　　(f) 配流盘

(g) 月牙板　　　　　　　　　　　　(h) 装配体

图 3-2　马达关键零部件及装配体的三维建模

3.2

输出轴力平衡型多输入齿轮马达的输出特性与泄漏

3.2.1　内啮合齿轮马达与外啮合齿轮马达扭矩分析

3.2.1.1　齿轮马达几何排量计算

对于一对相互啮合的渐开线齿轮马达，假设在齿轮的啮合点到节点的距离为 $f=f_1$ 时马达开始排油，一直到 $f=f_2$ 时排油结束，并且有 $\mathrm{d}f=\omega R_0 \mathrm{d}t$，这一对相互啮合的齿轮排出的液压油的体积为

$$V_\mathrm{i}=\int q_\mathrm{sh}\mathrm{d}t=\int B\omega(R_\mathrm{e}^2-R^2-f^2)\mathrm{d}t=\int_{f_1}^{f_2}\frac{B}{R_0}(R_\mathrm{e}^2-R^2-f^2)\mathrm{d}f \tag{3-1}$$

由于马达的排量为转矩输出齿轮转过一周（也就是转过 z 个齿）排出的液压油的体积，所以有

$$V'=zV_\mathrm{i}=\int_{f_1}^{f_2}\frac{Bz}{R_0}(R_\mathrm{e}^2-R^2-f^2)\mathrm{d}f \tag{3-2}$$

齿轮马达的齿轮基节为 t_j，则一对相互啮合的齿轮在 $f=-0.5t_\mathrm{j}$ 时开始排油，在 $f=0.5t_\mathrm{j}$ 时结束排油，马达的排量为

$$V=2\pi B\left(R_\mathrm{e}^2-R^2-\frac{t_\mathrm{j}^2}{12}\right) \tag{3-3}$$

由式(3-3)计算出来的马达排量为精确排量，但是由于计算过程过于繁杂，所以在工程上面通常采用以下的方法来对齿轮马达的排量进行近似计算。

齿轮马达的转矩输出轮上的齿间工作容积与轮齿体积之和就是

马达的排量大小，但是其前提是认为轮齿的有效体积与齿轮齿间的工作容积大小是相等的，换句话说，齿轮马达排量数值上就相当于转矩输出轮的齿顶圆与基圆所围起来的环形圆柱体积。

$$V = 2\pi R_f h_0 B \times 10^6 \tag{3-4}$$

齿轮的有效齿高为 $h_0 = 2(R_e - R_f) = 2m$，代入式（3-4）可得以下几种齿轮马达排量的表达式。

$$V = 4\pi R(R_e - R)B \times 10^6 \tag{3-5}$$

$$V = 4\pi RmB \times 10^6 \tag{3-6}$$

$$V = 4\pi R_f mB \times 10^6 = 2\pi z m^2 B \tag{3-7}$$

式中　B——齿宽，m；

R_e——齿顶圆半径，m；

R_f——分度圆半径，m；

h_0——有效齿高，m；

m——齿轮模数，mm；

z——齿轮齿数。

一个壳体内有三个内马达和三个外马达，内马达和外马达既可以独立工作，也可以联合工作，内马达与外马达的几何排量分别如下所示。

外啮合齿轮马达几何排量为

$$V_{外} = 6\pi z_1 m_1^2 B \tag{3-8}$$

式中　z_1——大齿轮齿数；

m_1——大齿轮模数，mm。

内啮合齿轮马达几何排量为

$$V_{内} = 6\pi z_3 m_3^2 B \tag{3-9}$$

式中　z_3——共齿轮内齿齿数；

m_3——共齿轮内齿模数，mm。

由于马达的特殊结构，内马达和外马达可以联合工作，也可以独立工作，马达总共有四种不同的工作方式，即内马达单独工作、外马达单独工作、内马达与外马达同向工作以及内马达与外马达差动工作，对应的几何排量分别为 $V_内$、$V_外$、$V_内+V_外$、$V_外-V_内$。

3.2.1.2　齿轮马达理论平均输出转矩分析

由于新型的齿轮马达相当于在一个壳体里有三个外啮合马达和三个内啮合齿轮马达，所以普通齿轮马达计算理论平均输出转矩的公式同样适用于该马达，则

$$T_{mi}=\frac{\Delta p_m V_i}{2\pi}\tag{3-10}$$

式中　Δp_m——马达的进出油口压差，MPa；

$\qquad$ V_i——马达在不同工作状态下对应的几何排量，mL/r。

其中，$\Delta p_m=p_H-p_T$，p_H 为马达进油口压力，p_T 为马达出油口压力，一般取 $p_T=0$。

3.2.1.3　齿轮马达瞬时输出转矩分析

按照式(3-10)所计算出来的马达输出转矩只能反映出一个马达的平均输出转矩大小，并不能反映出马达输出转矩的波动情况，更多的时候，需要了解马达输出转矩波动的影响因素，所以有必要对马达的瞬时输出转矩进行分析。

为方便分析马达的瞬时输出转矩，首先设定两个条件，即供给液压马达的压力油其压力值是固定的，供液流量也是固定的，可以表示为 $p_H=$ 常数，$Q_s=$ 常数，根据能量守恒，可以表示为

$$(p_H-p_T)Q_s\eta_p\times\frac{10^6}{60}=P_{om}=常数=T_m\omega_m\tag{3-11}$$

式中　p_H——马达进油口压力，MPa；

$\qquad$ p_T——马达出油口压力，MPa；

$\qquad$ Q_s——马达供液流量，L/min；

$\qquad$ η_p——马达总效率；

$\qquad$ P_{om}——马达实际输出功率，W；

T_m——马达瞬时输出转矩，N·m；

ω_m——马达瞬时输出转速，rad/s。

根据式(3-11)可知，在马达的进出油压差和输入流量恒定的情况下，马达的瞬时输出转矩与瞬时输出转速成反比关系，变化规律相似，所以只研究马达的瞬时输出转矩情况。由于新型齿轮马达的本质相当于在一个壳体内有三个外啮合的齿轮马达和三个内啮合的齿轮马达，外马达和内马达可以独立也可以联合进行工作，所以接下来分别对内啮合齿轮马达、外啮合齿轮马达以及新型齿轮马达的瞬时输出转矩进行分析。

(1) 外啮合齿轮马达瞬时输出转矩分析

如图 3-3 所示为外啮合齿轮马达的工作原理简图。

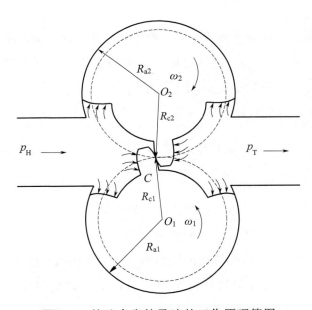

图 3-3　外啮合齿轮马达的工作原理简图

如图 3-3 所示，当马达的左侧通入压力为 p_H 的高压油时，马达的转矩输出齿轮 1 逆时针方向旋转，从动齿轮 2 顺时针方向旋转，低压油 p_T 由右侧排出，在马达工作的某一瞬时，主动齿轮与从动齿轮的啮合点为 C 点。对马达主动齿轮 1 的受力进行分析，在假设马达的回油口压力 $p_T=0$ 的情况下，可以得到马达主动齿轮轮齿所受的力为

$$F_1 = p_H B (R_{a1} - R_{c1}) \tag{3-12}$$

式中　p_H——马达进油口压力，MPa；

$\qquad B$——马达主动齿轮的齿宽，m；

$\qquad R_{a1}$——马达主动齿轮齿顶圆半径，m；

$\qquad R_{c1}$——马达主动齿轮的啮合点 C 到中心 O_1 的距离，m。

对马达主动齿轮 1 的受力情况进行分析，可以将轮齿所受到的力简化为一个受力点，受力点到马达主动齿轮中心 O_1 的距离为 $L_1 = (R_{a1} - R_{c1})/2 + R_{c1} = (R_{a1} + R_{c1})/2$，根据理论力学可得马达主动轮上的转矩为

$$T_1 = F_1 L_1 = p_H B (R_{a1} - R_{c1})(R_{a1} + R_{c1})/2 = p_H B (R_{a1}^2 - R_{c1}^2)/2 \tag{3-13}$$

同理，对马达从动齿轮 2 的受力情况进行分析，轮齿受力为 $F_2 = p_H B (R_{a2} - R_{c2})$，同样可以将受力情况简化到一个受力点，受力点到马达从动齿轮中心 O_2 的距离为 $L_2 = (R_{a2} - R_{c2})/2 + R_{c2} = (R_{a2} + R_{c2})/2$，所以转矩为

$$T_2 = F_2 L_2 = p_H B (R_{a2} - R_{c2})(R_{a2} + R_{c2})/2 = p_H B (R_{a2}^2 - R_{c2}^2)/2 \tag{3-14}$$

式中　p_H——马达进油口压力，MPa；

$\qquad R_{a2}$——马达从动齿轮齿顶圆半径，m；

$\qquad R_{c2}$——马达从动齿轮的啮合点 C 到中心 O_2 的距离，m。

马达靠与主动齿轮相连的输出轴对外输出转矩，根据能量守恒定律，设外啮合齿轮马达输出的转矩大小为 $T_{M外}$，角速度大小为 ω_M，可得

$$T_{M外}\, \omega_M = T_1 \omega_1 + T_2 \omega_2 \tag{3-15}$$

式中　$T_{M外}$——马达输出轴输出的转矩大小，N·m；

$\qquad \omega_M$——马达输出轴的角速度大小，rad/s；

$\qquad \omega_1$——马达主动齿轮的角速度大小，rad/s；

$\qquad \omega_2$——马达从动齿轮的角速度大小，rad/s。

由于马达的主动齿轮与马达的输出轴相连，所以 $\omega_M = \omega_1$，齿轮马达的输出转矩通过计算可得

$$T_{M外} = T_1 + \frac{\omega_2}{\omega_1} T_2 = T_1 + \frac{R_1}{R_2} T_2 \tag{3-16}$$

式中　R_1——马达主动齿轮分度圆半径，m；

　　　R_2——马达从动齿轮分度圆半径，m。

将式（3-13）中的 T_1 和式（3-14）中的 T_2 代入式（3-16）中，可得

$$T_{M外} = \frac{p_H B}{2} \left[(R_{a1}^2 - R_{c1}^2) + \frac{R_1}{R_2} (R_{a2}^2 - R_{c2}^2) \right] \tag{3-17}$$

式（3-17）中的 R_{a1}、R_{a2}、R_{c1}、R_{c2} 可以用图 3-4 所示的几何关系进行分析。

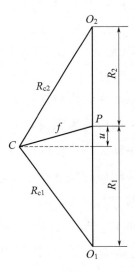

图 3-4　外啮合马达齿轮啮合点与齿轮中心的几何关系简图

图 3-4 中 f 为啮合点 C 到节点 P 的距离，由图 3-4 中几何关系可得

$$R_{c1}^2 = (f^2 - u^2) + (R_1 - u)^2 = f^2 + R_1^2 - 2uR_1 \qquad [3\text{-}18(a)]$$

$$R_{c2}^2 = f^2 - u^2 + (R_2 + u)^2 = f^2 + R_2^2 + 2uR_2 \qquad [3\text{-}18(b)]$$

$$\frac{R_1}{R_2}R_{c2}^2=\frac{R_1}{R_2}(f^2+R_2^2+2uR^2)=\frac{R_1}{R_2}f^2+R_1R_2+2uR_1$$

$$[3\text{-}18(c)]$$

设齿轮马达主动齿轮和从动齿轮的齿高分别为 h_1、h_2，则

$$R_{a1}^2=(R_1+h_1)^2=R_1^2+h_1^2+2R_1h_1 \qquad [3\text{-}18(d)]$$

$$R_{a2}^2=(R_2+h_2)^2=R_2^2+h_2^2+2R_2h_2 \qquad [3\text{-}18(e)]$$

$$R_{a1}^2-R_{c1}^2=R_1^2+h_1^2+2R_1h_1-f^2-R_1^2+2uR_1$$

$$=h_1^2+2R_1(h_1+u)-f^2 \qquad [3\text{-}18(f)]$$

$$\frac{R_1}{R_2}(R_{a2}^2-R_{c2}^2)=\frac{R_1}{R_2}(R_2^2+h_2^2+2R_2h_2-f^2-R_2^2-2uR_2)$$

$$=\frac{R_1}{R_2}h_2^2-\frac{R_1}{R_2}f^2+2R_1(h_2-u) \qquad [3\text{-}18(g)]$$

根据式 $[3\text{-}18(a)]\sim$式 $[3\text{-}18(g)]$，可将式(3-17) 简化为

$$T_{M外}=\frac{p_H B}{2}\left[2R_1(h_1+h_2)+h_1^2+h_2^2\frac{R_1}{R_2}-\left(1+\frac{R_1}{R_2}\right)f^2\right] \qquad (3\text{-}19)$$

式中 h_1——马达主动齿轮齿顶高，m；

$\qquad$ h_2——马达从动齿轮齿顶高，m；

$\qquad$ R_1——马达主动齿轮分度圆半径，m；

$\qquad$ R_2——马达从动齿轮分度圆半径，m；

$\qquad$ f——齿轮啮合点到节点的距离，m。

根据齿轮理论可知，当一对啮合的渐开线型齿轮其齿轮的重合系数 $\varepsilon=1$ 时，齿轮啮合点 C 到节点 P 的最大距离与最小距离分别为

$$\begin{cases} f_{max}=\dfrac{P_b}{2}=\dfrac{\pi m\cos\alpha}{2} \\ f_{min}=0 \end{cases} \qquad (3\text{-}20)$$

式中 P_b——轮齿的法向距离，m；

$\qquad$ α——渐开线在分度圆上的压力角，$\alpha=20°$。

将式（3-20）代入式（3-19）中，可以得到外啮合齿轮马达的最小瞬时转矩与最大瞬时转矩。

当齿轮的啮合点与节点的距离为最大值时，即一对相互啮合的渐开线齿轮刚要进入或者刚要退出啮合时，$f_{max}=(\pi m\cos\alpha)/2$，此时可得外啮合齿轮马达的最小瞬时转矩。

$$T_{M外min}=\frac{p_H B}{2}\left[2R_1(h_1+h_2)+h_1^2+h_2^2\frac{R_1}{R_2}-\left(1+\frac{R_1}{R_2}\right)\left(\frac{\pi m\cos\alpha}{2}\right)^2\right]$$

（3-21）

当齿轮的啮合点与节点的距离为最小值时，即啮合点和节点相互重合时，$f_{min}=0$，此时可得外啮合齿轮马达的最大瞬时转矩。

$$T_{M外max}=\frac{p_H B}{2}\left[2R_1(h_1+h_2)+h_1^2+h_2^2\frac{R_1}{R_2}\right]$$（3-22）

根据渐开线齿轮理论可知，一对相互啮合的齿轮，有如下特点。

$$f(\varphi_1)=R_{j1}\varphi_{1t}=R_{j1}\varphi_1=f$$（3-23）

式中　R_{j1}——马达转矩输出齿轮的基圆半径，m；

φ_1——马达转矩输出齿轮随啮合点的移动而转过的角度，rad。

将式（3-23）代入式（3-19），可得

$$T_{M外}=\frac{p_H B}{2}\left[2R_1(h_1+h_2)+h_1^2+h_2^2\frac{R_1}{R_2}-\left(1+\frac{R_1}{R_2}\right)R_{j1}^2\varphi_1^2\right]$$

（3-24）

根据式（3-24）可绘制出外啮合齿轮马达的瞬时输出转矩脉动曲线，如图 3-5 所示。

从图 3-5 可以看出，外啮合齿轮马达的瞬时输出转矩脉动曲线是一个以 $2\pi/z_1$ 为周期的周期函数，当 $\varphi_1=k_1\pi/z_1(k_1=0,2,4,\cdots)$ 时，马达的输出转矩最大，当 $\varphi_1=k_1'\pi/z_1(k_1'=1,3,5,\cdots)$ 时，马达的输出转矩最小。

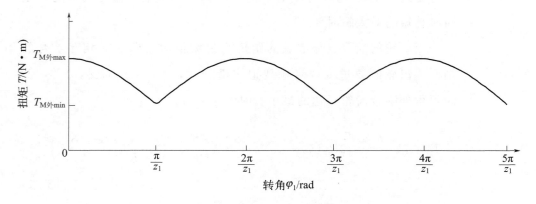

图 3-5　外啮合齿轮马达输出转矩脉动曲线

（2）内啮合齿轮马达瞬时输出转矩分析

如图 3-6 所示为内啮合齿轮马达的工作原理简图。

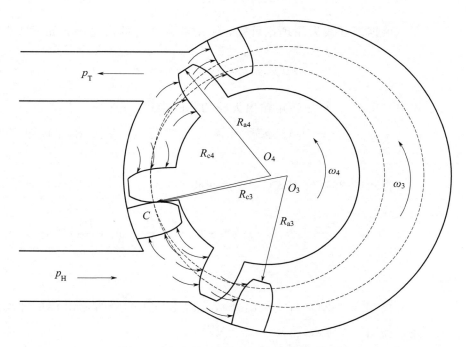

图 3-6　内啮合齿轮马达的工作原理简图

如图 3-6 所示，当马达的下侧通入高压油时，马达的主动齿轮和从动齿轮按逆时针方向旋转，低压油由马达上侧的低压油孔排出。

对马达主动齿轮 3 的受力进行分析，在假设马达的回油口压力 $p_T=0$ 的情况下，可以得到马达主动齿轮轮齿所受的力为

$$F_3=p_H B(R_{c3}-R_{a3}) \tag{3-25}$$

式中　p_H——马达进油口压力，MPa；

$\quad\quad B$——马达主动齿轮（共齿轮的内齿）的齿宽，m；

$\quad\quad R_{a3}$——马达主动齿轮齿顶圆半径，m；

$\quad\quad R_{c3}$——马达主动齿轮的啮合点 C 到中心 O_1 的距离，m。

马达主动齿轮中心 O_3 的距离为 $L_3=(R_{c3}-R_{a3})/2+R_{a3}=(R_{c3}+R_{a3})/2$，根据理论力学可得马达主动轮上的转矩为

$$\begin{aligned} T_3&=F_3 L_3=p_H B(R_{c3}-R_{a3})(R_{c3}+R_{a3})/2 \\ &=p_H B(R_{c3}^2-R_{a3}^2)/2 \end{aligned} \tag{3-26}$$

同理可得，内啮合齿轮马达从动齿轮上的转矩为

$$T_4=F_4 L_4=p_H B(R_{a4}-R_{c4})(R_{a4}+R_{c4})/2=p_H B(R_{a4}^2-R_{c4}^2)/2 \tag{3-27}$$

式中　R_{a4}——马达从动齿轮齿顶圆半径，m；

$\quad\quad R_{c4}$——马达从动齿轮的啮合点 C 到中心 O_2 的距离，m。

根据能量守恒定律，可得

$$T_{M内}\,\omega_M=T_3\omega_3+T_4\omega_4 \tag{3-28}$$

式中　$T_{M内}$——马达输出轴输出的转矩大小，N·m；

$\quad\quad \omega_M$——马达输出轴的角速度大小，rad/s；

$\quad\quad \omega_3$——马达主动齿轮角速度大小，rad/s；

$\quad\quad \omega_4$——马达从动齿轮角速度大小，rad/s。

又由于 $\omega_M=\omega_3$，所以

$$T_{M内}=T_3+\frac{\omega_4}{\omega_3}T_4=T_3+\frac{R_3}{R_4}T_4 \tag{3-29}$$

式中　R_3——马达主动齿轮（共齿轮内齿轮）分度圆半径，m；

$\quad\quad R_4$——马达从动齿轮（小齿轮）分度圆半径，m。

将式(3-26) 中的 T_3 和式(3-27) 中的 T_4 代入式(3-29) 中，可得

$$T_{M内} = \frac{p_H B}{2} \left[(R_{c3}^2 - R_{a3}^2) + \frac{R_3}{R_4}(R_{a4}^2 - R_{c4}^2) \right] \qquad (3-30)$$

公式中的 R_{a3}、R_{a4}、R_{c3}、R_{c4} 可以用图 3-7 所示的几何关系来进行简化。

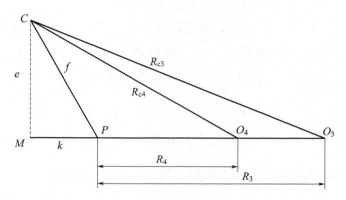

图 3-7 内啮合马达齿轮啮合点与齿轮中心的几何关系简图

根据图 3-7 中的几何关系，可得

$$\begin{cases} R_{c3}^2 = (R_3 + k)^2 + e^2 \\ R_{c4}^2 = (R_4 + k)^2 + e^2 \\ f^2 = e^2 + k^2 \end{cases} \qquad (3-31)$$

渐开线齿轮的分度圆与齿顶圆存在以下关系。

$$\begin{cases} R_{a3} = R_3 - h_3 \\ R_{a4} = R_4 + h_4 \end{cases} \qquad (3-32)$$

将式(3-31) 和式(3-32) 代入式(3-30) 中，可得

$$T_{M内} = \frac{p_H B}{2} \left[2R_3(h_3 + h_4) - h_3^2 + h_4^2 \frac{R_3}{R_4} + \left(1 - \frac{R_3}{R_4}\right) f^2 \right] \qquad (3-33)$$

式中 h_3——马达主动齿轮齿顶高，m；

h_4——马达从动齿轮齿顶高，m；

R_3——马达主动齿轮分度圆半径，m；

R_4——马达从动齿轮分度圆半径，m；

f——齿轮啮合点到节点的距离，m。

当齿轮的啮合点与节点的距离为最大值时，即一对相互啮合的渐开线齿轮刚要进入或者刚要退出啮合时，$f_{max}=(\pi m \cos\alpha)/2$，此时可得内啮合齿轮马达的最小瞬时转矩。

$$T_{M内\,min}=\frac{p_H B}{2}\left[2R_3(h_3+h_4)-h_3^2+h_4^2\frac{R_3}{R_4}+\left(1-\frac{R_3}{R_4}\right)\left(\frac{\pi m \cos\alpha}{2}\right)^2\right]$$

$$(3-34)$$

当齿轮的啮合点与节点的距离为最小值时，即啮合点和节点相互重合时，$f_{min}=0$，此时可得内啮合齿轮马达的最大瞬时转矩。

$$T_{M内\,max}=\frac{p_H B}{2}\left[2R_3(h_3+h_4)-h_3^2+h_4^2\frac{R_3}{R_4}\right] \qquad (3-35)$$

根据齿轮理论可知，一对相互啮合的渐开线齿轮，有如下特点。

$$f(\varphi)=f(\omega t)=R_{j3}\varphi_{3t}=R_{j3}\varphi_3=f \qquad (3-36)$$

式中　R_{j3}——马达转矩输出齿轮的基圆半径，m；

φ_3——马达转矩输出齿轮随啮合点的移动而转过的角度，rad。

将式(3-36)代入式(3-33)，可得

$$T_{M内}=\frac{p_H B}{2}\left[2R_3(h_3+h_4)-h_3^2+h_4^2\frac{R_3}{R_4}+\left(1-\frac{R_3}{R_4}\right)R_{j3}^2\varphi_3^2\right]$$

$$(3-37)$$

根据式(3-37)可绘制出内啮合齿轮马达的瞬时输出转矩脉动曲线，如图 3-8 所示。

从图 3-8 可以看出，内啮合齿轮马达的瞬时输出转矩脉动曲线是一个以 $2\pi/z_3$ 为周期的周期函数，当 $\varphi_3=k_3\pi/z_3(k_3=0,2,4\cdots)$ 时，马达的输出转矩最大，当 $\varphi_3=k_3'/z_3(k_3'=1,3,5\cdots)$ 时，马达的输出转矩最小。

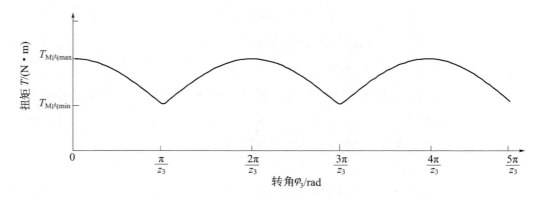

图 3-8　内啮合齿轮马达输出转矩脉动曲线

3.2.2　新型齿轮马达输出转矩分析

3.2.2.1　新型齿轮马达瞬时输出合转矩分析

新型齿轮马达的本质相当于在一个壳体里有三个外啮合齿轮马达和三个内啮合齿轮马达独立或联合工作，其中，中心大齿轮（z_1、m_1）与三个共齿轮的外齿（z_2、m_2）形成三个外啮合齿轮马达，三个共齿轮的内齿（z_3、m_3）与三个小齿轮（z_4、m_4）形成三个内啮合齿轮马达，其转矩输出可以根据前面推导出的外啮合齿轮马达与内啮合齿轮马达的转矩输出公式进行推导。

由前面推导可知，每一个外啮合齿轮马达相对于中心大齿轮的中心瞬时输出转矩为

$$T_{M(O_1)} = \frac{p_H B}{2} \left[2R_1(h_1+h_2) + h_1^2 + h_2^2 \frac{R_1}{R_2} - \left(1+\frac{R_1}{R_2}\right) f_1^2 \right] \quad (3\text{-}38)$$

式中　　h_1——马达中心大齿轮齿顶高，m；

h_2——共齿轮外齿齿顶高，m；

R_1——马达中心大齿轮分度圆半径，m；

R_2——共齿轮外齿分度圆半径，m；

f_1——齿轮啮合点到节点的距离，m。

每一个内啮合齿轮马达相对于共齿轮的中心瞬时输出转矩为

$$T_{\mathrm{M}(O_3)}=\frac{p_{\mathrm{H}}B}{2}\left[2R_3(h_3+h_4)-h_3^2+h_4^2\frac{R_3}{R_4}+\left(1-\frac{R_3}{R_4}\right)f_3^2\right]\quad(3\text{-}39)$$

式中　h_3——共齿轮内齿齿顶高，m；

$\quad\quad h_4$——小齿轮齿顶高，m；

$\quad\quad R_3$——共齿轮内齿分度圆半径，m；

$\quad\quad R_4$——小齿轮分度圆半径，m；

$\quad\quad f_3$——齿轮啮合点到节点的距离，m。

由于内马达是靠大齿轮轴对外输出转矩和转速的，所以

$$T_{\mathrm{M}\hat{\Xi}}=T_{\mathrm{M}(O_1)}+\frac{R_1}{R_2}T_{\mathrm{M}(O_3)}\quad\quad(3\text{-}40)$$

$$
\begin{aligned}
T'_{\mathrm{M}\hat{\Xi}}=3T_{\mathrm{M}\hat{\Xi}}&=3\left[T_{\mathrm{M}(O_1)}+\frac{R_1}{R_2}T_{\mathrm{M}(O_3)}\right]\\
&=\frac{3}{2}p_{\mathrm{H}}B\left[2R_1(h_1+h_2)+h_1^2+h_2^2\frac{R_1}{R_2}-\right.\\
&\quad\left.\left(1+\frac{R_1}{R_2}\right)f_1^2\right]+\frac{3}{2}p_{\mathrm{H}}B\left[\frac{2R_1R_3}{R_2}(h_3+h_4)-\right.\\
&\quad\left.\frac{R_1}{R_2}h_3^2+\frac{R_1R_3}{R_2R_4}h_4^2+\left(\frac{R_1}{R_2}-\frac{R_1R_3}{R_2R_4}\right)f_3^2\right]\\
&=\frac{3}{2}p_{\mathrm{H}}B\left[2R_1(h_1+h_2)+h_1^2+h_2^2\frac{R_1}{R_2}-\right.\\
&\quad\left.\left(1+\frac{R_1}{R_2}\right)(R_{\mathrm{j1}}\varphi_1)^2\right]+\frac{3}{2}p_{\mathrm{H}}B\left[\frac{2R_1R_3}{R_2}(h_3+h_4)-\right.\\
&\quad\left.\frac{R_1}{R_2}h_3^2+\frac{R_1R_3}{R_2R_4}h_4^2+\left(\frac{R_1}{R_2}-\frac{R_1R_3}{R_2R_4}\right)(R_{\mathrm{j3}}\varphi_3)^2\right]
\end{aligned}
$$
$$(3\text{-}41)$$

新型的齿轮马达在一个壳体中有多个内马达和外马达，内马达与外马达的工作是相互独立的，输出的转矩脉动分别如图 3-8 和图 3-5 所示，都是呈周期性波形分布。由波的传动规律可以知道，当几列不同的波在相同的物理介质中传播时，波与波之间都是相互独立的，并不会对其他波产生任何影响，而传播波的介质在某一点上的位移就是所有波在这一点运动位移的矢量之和。

由于外啮合齿轮马达与内啮合齿轮马达输出的瞬时转矩的脉动

周期分别为 $2\pi/z_1$ 和 $2\pi/z_3$，当 $z_1 = z_3$ 时，两列波的周期是相同的。如果能够调节外马达与内马达的初始相位角，让两列波的波峰和波谷能够相互叠加抵消，那么此时马达的瞬时输出转矩的脉动最小，而实现这个最低脉动的条件就是使得两列波的角度差值符合一定的规律，即 $\Delta\varphi_1 = k_1\pi/z_1(k_1 = 1,3,5,\cdots)$。也就是说，当外马达一对啮合的齿轮刚进入啮合或者刚退出啮合时，恰好内马达的一对啮合齿轮的啮合点与节点重合，或者外马达的啮合齿轮啮合点与节点重合时，内马达的啮合轮齿刚进入啮合或者刚退出啮合，其输出转矩曲线如图 3-9 所示。

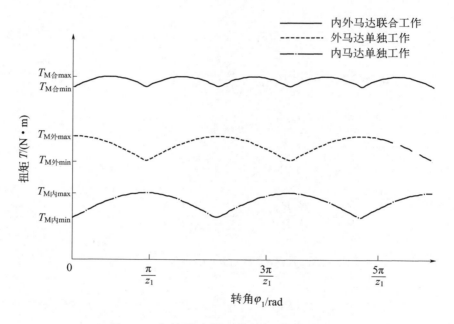

图 3-9　齿轮马达输出合转矩脉动曲线一

当内外马达的初始相位角之差 $\Delta\varphi$ 为波形半个周期的偶数倍时，即 $\Delta\varphi_2 = k_2\pi/z_1(k_2 = 0,2,4,\cdots)$，此时外马达的啮合齿轮刚进入啮合或者刚退出啮合，而内马达的啮合齿轮也是刚进入啮合或者刚退出啮合，或者是在同一时刻外马达和内马达的啮合齿轮刚好都是啮合点与节点重合，那么两个波峰叠加，两个波谷叠加，此时马达的瞬时输出转矩的脉动最大，其输出转矩曲线如图 3-10 所示。

当内外马达的初始相位角之差 $\Delta\varphi$ 既不是波形半个周期的奇数倍，也不是偶数倍时，即外马达和内马达的齿轮其啮合情况不符合上面两种情况时，两列波叠加为一个不规则的波形，马达的瞬时输出转矩的脉动既不是最大，也不是最小，其输出转矩曲线如图 3-11 所示。

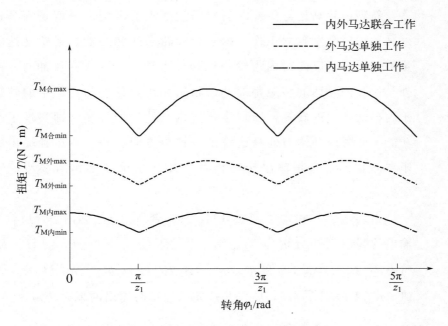

图 3-10　齿轮马达输出合转矩脉动曲线二

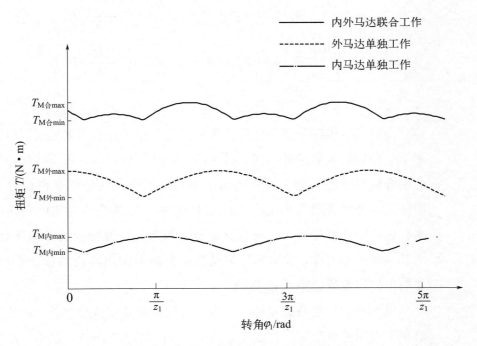

图 3-11　齿轮马达输出合转矩脉动曲线三

3.2.2.2 新型齿轮马达差动连接输出转矩分析

新型齿轮马达与传统的齿轮马达最大的区别之一就是内马达和外马达可以分别独立工作。内啮合齿轮马达和外啮合齿轮马达的排量不相同，当反向对内齿轮马达和外齿轮马达通入高压油时，由于外马达和内马达的转矩都靠同一根轴输出，且外马达产生的转矩大于内马达产生的转矩，所以会强迫内马达反向旋转，即实现了泵的功能。此时内马达与外马达输出的转矩方向和外马达单独输出的转矩方向相同，只是输出转矩相对于外马达单独工作时要小，转速要大。

由式(3-24) 和式(3-37) 可知，外啮合齿轮马达和内啮合齿轮马达输出的瞬时转矩分别为 $T_{M外} = p_H B [2R_1(h_1+h_2) + h_1^2 + h_2^2 R_1/R_2 - (1+R_1/R_2)R_{j1}^2 \varphi_1^2]/2$ 和 $T_{M内} = p_H B [2R_3(h_3+h_4) - h_3^2 + h_4^2 R_3/R_4 + (1-R_3/R_4)R_{j3}^2 \varphi_3^2]/2$，所以马达差动连接时输出的瞬时转矩为

$$T_{M差} = T_{M外} - T_{M内}$$

$$= \frac{p_H B}{2}\left[2R_1(h_1+h_2) + h_1^2 + h_2^2 \frac{R_1}{R_2} - \left(1+\frac{R_1}{R_2}\right)R_{j1}^2 \varphi_1^2\right] -$$

$$\frac{p_H B}{2}\left[2R_3(h_3+h_4) - h_3^2 + h_4^2 \frac{R_3}{R_4} + \left(1-\frac{R_3}{R_4}\right)R_{j3}^2 \varphi_3^2\right]$$

$$(3-42)$$

当内啮合齿轮马达和外啮合齿轮马达的初始相位角之差 $\Delta\varphi$ 为波形半个周期的偶数倍时，即 $\Delta\varphi_1' = \pi k_1'/z_1 (k_1' = 0,2,4,\cdots)$，即外马达的啮合齿轮刚进入啮合或者刚退出啮合，而内马达的啮合齿轮也是刚进入啮合或者刚退出啮合，或者是在同一时刻外马达和内马达的啮合齿轮刚好都是啮合点与节点重合，两列波的波峰和波峰相重合，波谷和波谷相重合，此时马达差动连接时瞬时输出转矩的脉动最小，其输出转矩曲线如图 3-12 所示。

当内啮合齿轮马达和外啮合齿轮马达的初始相位角之差 $\Delta\varphi$ 为波形半个周期的奇数倍时，$\Delta\varphi_2' = k_2'\pi/z_1 (k_2' = 1,3,5,\cdots)$，即外马达一对啮合的齿轮刚进入啮合或者刚退出啮合时，恰好内马达的一对啮

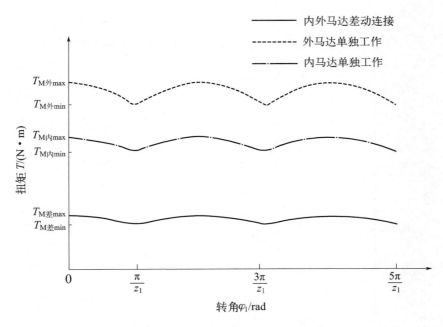

图 3-12 齿轮马达差动连接时输出转矩脉动曲线一

合齿轮的啮合点与节点重合，或者外马达的啮合齿轮啮合点与节点重合时，内马达的啮合轮齿刚进入啮合或者刚退出啮合，此时两列波的波峰和波谷相重合，此时马达差动连接时瞬时输出转矩的脉动最大，其输出转矩曲线如图 3-13 所示。

当内啮合齿轮马达和外啮合齿轮马达的初始相位角之差 $\Delta\varphi$ 既不是波形半个周期的奇数倍也不是偶数倍时，即外马达和内马达的齿轮其啮合情况不符合上面两种情况时，此时两列波叠加为一个不规则的波形，马达差动连接时的瞬时输出转矩的脉动既不是最大也不是最小，其输出转矩曲线如图 3-14 所示。

3.2.3 新型齿轮马达的泄漏分析

齿轮马达的泄漏主要由四个方面组成，即端面间隙泄漏、径向间隙泄漏、齿轮啮合处的泄漏以及液体压缩时的弹性损失，由于齿轮啮合处的泄漏量以及液体压缩时的弹性损失量很小，而端面间隙泄漏占到泄漏量的 80％左右，径向间隙泄漏量为 15％～20％，此处只分析马达的前两种泄漏方式。

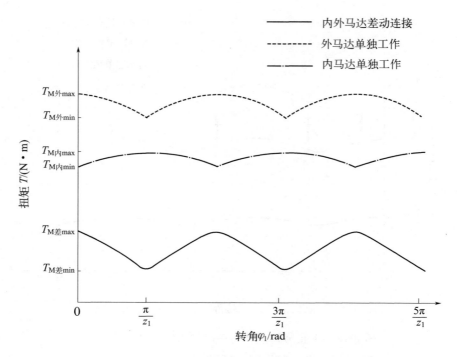

图 3-13　齿轮马达差动连接时输出转矩脉动曲线二

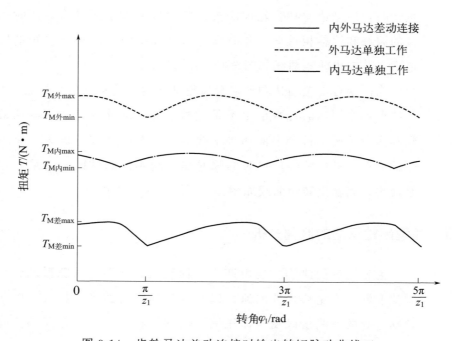

图 3-14　齿轮马达差动连接时输出转矩脉动曲线三

3.2.3.1　马达端面间隙泄漏分析

马达端面间隙泄漏是指油液从马达的高压腔和高压腔到低压腔的过渡区的齿谷根部经齿轮端面及马达的前后盖板或浮动侧板产生的轴向间隙流向马达的低压区的一种泄漏方式，可以利用平行圆盘间隙流动理论对其进行计算分析。

(1) 外马达高压腔的泄漏量 ΔQ_{s1}

$$\Delta Q_{s1}=\frac{3\pi s_1^3 \Delta p}{6\mu \ln \dfrac{R_{f1}}{R_{z1}}}\times \frac{\theta_1}{2\pi}\times 60\times 10^4 =\frac{3\theta_1 s_1^3 \Delta p}{2\mu \ln \dfrac{R_{f1}}{R_{z1}}}\times 10^4 \qquad (3\text{-}43)$$

式中　Δp——高压腔与低压腔的压差，Pa；

　　　s_1——中心大齿轮齿轮端面间隙，m；

　　　θ_1——中心大齿轮高压腔的包角，rad；

　　　R_{f1}——中心大齿轮齿根圆半径，m；

　　　R_{z1}——齿轮轴半径，m；

　　　μ——液压油的动力黏度，N·s/m²。

(2) 外马达过渡区的泄漏量 $\Delta Q'_{s1}$

当齿轮马达工作时油液压力沿着齿顶径向间隙可以认为是线性变化的，当处于过渡区内的齿数为 Z_0 时，则过渡区的齿谷数是 Z_0-1，马达在过渡区内的压降为 Δp，那么过渡区中每个齿顶的压降为 $\Delta p/Z_0$，所以低压腔与每个齿谷的压差分别如下。

第一个齿谷（靠近高压腔的为第一个）为

$$\Delta p_1=\Delta p-1\frac{\Delta p}{Z_0}=\Delta p\left(1-\frac{1}{Z_0}\right) \qquad (3\text{-}44)$$

第二个齿谷为

$$\Delta p_2=\Delta p-2\frac{\Delta p}{Z_0}=\Delta p\left(1-\frac{2}{Z_0}\right) \qquad (3\text{-}45)$$

第 Z_0-1 个齿谷为

$$\Delta p_{Z_0-1} = \Delta p - (Z_0-1)\frac{\Delta p}{Z_0} = \Delta p\left(1-\frac{Z_0-1}{Z_0}\right) \qquad (3\text{-}46)$$

通过整理可得，第 i 个齿谷与马达低压腔的压差可以表示为

$$\Delta p_i = \Delta p - i\frac{\Delta p}{Z_0} = \Delta p\left(1-\frac{i}{Z_0}\right) \qquad (3\text{-}47)$$

则中心大齿轮过渡区的泄漏量为

$$\Delta Q'_{s1} = \frac{\pi s_1^3}{18\mu\ln\dfrac{R_{f1}}{R_{z1}}} \times \frac{1}{Z_1}\Delta p \sum_{i=1}^{Z_0-1}\left(1-\frac{i}{Z_{10}}\right) \times 3 \times 60 \times 10^3$$

$$= \frac{\pi s_1^3 \Delta p}{2\mu\ln\dfrac{R_{f1}}{R_{z1}}} \times \frac{Z_{10}-1}{Z_1} \times 10^4 \qquad (3\text{-}48)$$

式中　Z_1——中心大齿轮齿数；

　　　Z_{10}——处于过渡区的齿数。

同理，共齿轮过渡区的泄漏量为

$$\Delta Q'_{s2} = \frac{\pi s_2^3}{6\mu\ln\dfrac{R_{f2}}{R_{f3}}} \times \frac{1}{Z_2}\Delta p \sum_{i=1}^{Z_{20}-1}\left(1-\frac{i}{Z_{20}}\right) \times 3 \times 60 \times 10^3$$

$$= \frac{3\pi s_2^3 \Delta p}{2\mu\ln\dfrac{R_{f2}}{R_{f3}}} \times \frac{Z_{20}-1}{Z_2} \times 10^4 \qquad (3\text{-}49)$$

式中　Z_2——共齿轮齿数；

　　　Z_{20}——共齿轮处于过渡区的齿数；

　　　R_{f2}——共齿轮外齿齿根圆半径，m；

　　　s_2——共齿轮外齿齿轮端面间隙，m；

　　　R_{f3}——共齿轮内齿齿根圆半径，m。

由式(3-43)、式(3-48) 和式(3-49)可知外马达的端面间隙泄漏为

$$\Delta Q_1 = 2(\Delta Q_{s1} + \Delta Q_{s2}) + 2(\Delta Q'_{s1} + \Delta Q'_{s2})$$

$$= \left(\frac{3\theta_1 s_1^3 \Delta p}{\mu\ln\dfrac{R_{f1}}{R_{z1}}} + \frac{3\theta_2 s_2^3 \Delta p}{\mu\ln\dfrac{R_{f2}}{R_{f3}}} + \frac{\pi s_1^3 \Delta p}{\mu\ln\dfrac{R_{f1}}{R_{z1}}} \times \frac{Z_{10}-1}{Z_1} + \frac{3\pi s_2^3 \Delta p}{\mu\ln\dfrac{R_{f2}}{R_{f3}}} \times \frac{Z_{20}-1}{Z_2}\right) \times 10^4$$

$$(3\text{-}50)$$

式中 θ_2——共齿轮高压腔的包角，rad。

同理可求得内马达的端面间隙泄漏为

$$\Delta Q_2 = 2(\Delta Q_{s3} + \Delta Q_{s4}) + 2(\Delta Q'_{s3} + \Delta Q'_{s4})$$

$$= \left(\frac{3\theta_3 s_3^3 \Delta p}{\mu \ln \dfrac{R_{f2}}{R_{f3}}} + \frac{3\theta_4 s_4^3 \Delta p}{\mu \ln \dfrac{R_{f4}}{R_{z4}}} + \frac{3\pi s_3^3 \Delta p}{\mu \ln \dfrac{R_{f2}}{R_{f3}}} \times \frac{Z_{30} - 1}{Z_3} + \right. \tag{3-51}$$

$$\left. \frac{3\pi s_4^3 \Delta p}{\mu \ln \dfrac{R_{f4}}{R_{z4}}} \times \frac{Z_{40} - 1}{Z_4} \right) \times 10^4$$

式中 Z_3——共齿轮内齿齿数；

　　Z_{30}——共齿轮内齿处于过渡区的齿数；

　　s_3——共齿轮内齿齿轮端面间隙，m；

　　s_4——小齿轮齿轮端面间隙，m；

　　Z_4——小齿轮齿数；

　　Z_{40}——小齿轮处于过渡区的齿数；

　　R_{f4}——小齿轮齿根圆半径，m；

　　R_{z4}——小齿轮轴半径，m；

　　θ_3——共齿轮内齿高压腔的包角，rad；

　　θ_4——小齿轮高压腔的包角，rad。

3.2.3.2 马达径向间隙泄漏分析

马达径向间隙泄漏指的是油液从马达的高压腔经过齿轮的齿顶圆与壳体的径向间隙泄漏到马达的低压腔中的一种泄漏方式。由于齿轮齿顶圆与马达壳体的间隙非常小，对油液的黏附作用比较强，并且马达所用的液压油其黏度又不为零，所以油液在间隙中流动时其雷诺数非常小，因此是层流运动。

可以利用两平行平板的间隙流动理论来对径向泄漏进行计算，将齿轮的齿顶部分看作运动的平板，将马达壳体看作与运动的平板平行且静止的平板，过渡区中每个齿两侧的压差为 $\Delta p / Z_0$，在压差的作用下齿顶与壳体中的泄漏油液的流动速度 u_1 是按抛物线规律分布的，如图 3-15（a）所示，即

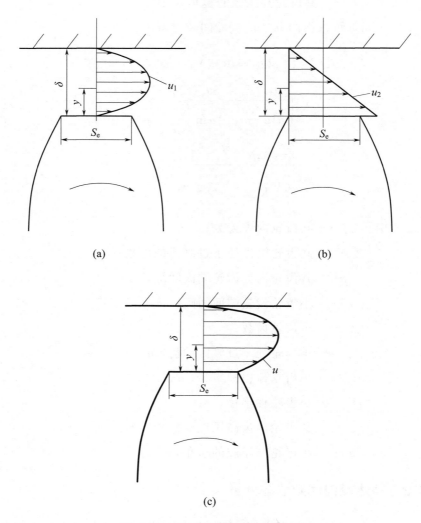

图 3-15 马达径向间隙泄漏示意

$$u_1 = \frac{\frac{\Delta p}{Z_0}}{2\mu S_e}(\delta - y)y \qquad (3\text{-}52)$$

式中 y——处于齿顶和壳体的任意高度，m；

Δp——马达高低压腔的压差，Pa；

μ——油液的动力黏度，N·s/m²；

S_e——齿顶厚，m；

δ——壳体与齿顶的径向距离，m。

由于齿顶具有一定的运动速度 $v(\mathrm{m/s})$，并且齿轮旋转时会带动处于齿顶与壳体之间的油液进行摩擦牵连运动，靠近齿顶处速度最大，靠近壳体处速度最小，从下往上其速度是递减的，速度 u_2 的分布规律是线性的，如图 3-15(b) 所示，即

$$u_2 = v\left(1 - \frac{y}{\delta}\right) \tag{3-53}$$

将上面两种速度进行合成，可以得到齿轮齿顶与壳体之间泄漏油液的流动速度 u，如图 3-15(c) 所示，即

$$u = u_1 + u_2 = \frac{\Delta p}{2\mu S_{\mathrm{e}} Z_0}(\delta - y)y + v\left(1 - \frac{y}{\delta}\right) \tag{3-54}$$

对式(3-54) 进行积分，可以得到一个齿轮的径向泄漏量为

$$\Delta Q' = B\int_0^\delta u\,\mathrm{d}y \times 60 \times 10^3 = \left(\frac{B\Delta p\delta^3}{12\mu S_{\mathrm{e}} Z_0} + \frac{B\pi n R_{\mathrm{a}}\delta}{60}\right) \times 60 \times 10^3 \tag{3-55}$$

式中　B——齿宽，m；

$\quad\quad v$——齿顶圆线速度；

$\quad\quad n$——齿轮转速，r/min；

$\quad\quad R_{\mathrm{a}}$——齿顶圆半径，m。

由式(3-55) 可知，当外马达独立工作时，其径向间隙泄漏量为

$$\Delta Q_1' = 3\left(\frac{B\Delta p\delta_1^3}{12\mu S_{1\mathrm{e}} Z_{10}} + \frac{B\pi n_1 R_{\mathrm{a}1}\delta_1}{60} + \frac{B\Delta p\delta_2^3}{12\mu S_{2\mathrm{e}} Z_{20}} + \frac{B\pi n_2 R_{\mathrm{a}2}\delta_2}{60}\right) \times 60 \times 10^3 \tag{3-56}$$

式中　δ_1——中心大齿轮与壳体的径向间隙，m；

$\quad\quad S_{1\mathrm{e}}$——中心大齿轮齿顶厚，m；

$\quad\quad Z_{10}$——中心大齿轮处于过渡区的齿数；

$\quad\quad n_1$——中心大齿轮的转速，r/min；

$\quad\quad R_{\mathrm{a}1}$——中心大齿轮的齿顶圆半径，m；

$\quad\quad \delta_2$——共齿轮外齿与壳体的径向间隙，m；

S_{2e}——共齿轮外齿齿顶厚，m；

Z_{20}——共齿轮外齿处于过渡区的齿数；

n_2——共齿轮的转速，r/min；

R_{a2}——共齿轮外齿的齿顶圆半径，m。

同理可得，当内马达独立工作时，其径向间隙泄漏量为

$$\Delta Q_2' = 3\left(\frac{B\Delta p \delta_3^3}{12\mu S_{3e} Z_{30}} + \frac{B\pi n_3 R_{a3}\delta_3}{60} + \frac{B\Delta p \delta_4^3}{12\mu S_{4e} Z_{40}} + \frac{B\pi n_4 R_{a4}\delta_4}{60}\right)\times 60\times 10^3$$

（3-57）

式中　δ_3——共齿轮内齿与月牙板的径向间隙，m；

S_{3e}——共齿轮内齿齿顶厚，m；

Z_{30}——共齿轮内齿处于过渡区的齿数；

n_3——共齿轮的转速，r/min；

R_{a3}——共齿轮内齿的齿顶圆半径，m；

δ_4——小齿轮与月牙板的径向间隙，m；

S_{4e}——小齿轮齿顶厚，m；

Z_{40}——小齿轮处于过渡区的齿数；

n_4——小齿轮的转速，r/min；

R_{a4}——小齿轮的齿顶圆半径，m。

3.2.3.3　马达不同工作方式下的泄漏量

新型齿轮马达有多种不同的工作方式，不同的工作方式下其泄漏量也是不同的，表 3-1 为不同工作方式下马达的泄漏量。

表 3-1　不同工作方式下马达的泄漏量

马达的工作方式		泄漏量
内马达	外马达	
工作	不工作	$\Delta Q_2 + \Delta Q_2'$
不工作	工作	$\Delta Q_1 + \Delta Q_1'$
工作	工作	$\Delta Q_1 + \Delta Q_1' + \Delta Q_2 + \Delta Q_2'$

3.3

输出轴力平衡型多输入齿轮马达的静力学特性

　　齿轮马达的径向力分析是评价齿轮马达性能的一个重要过程，径向力不平衡会严重影响马达的性能以及使用寿命。

3.3.1　中心大齿轮径向力分析

　　新型齿轮马达的优点之一就是能够实现输出轴的径向力平衡，所以齿轮轴和轴承上所受到的力只有齿轮啮合力，没有液压力，可以极大地延长齿轮马达的使用寿命。由于新型齿轮马达共有四种不同的工作方式，每一种工作方式下中心大齿轮受到的力都不相同，接下来分别对马达的四种不同工作方式下中心大齿轮受到的径向力进行分析和计算。

　　如图 3-16 所示为新型齿轮马达的吸排油示意，其中 p_H 为高压

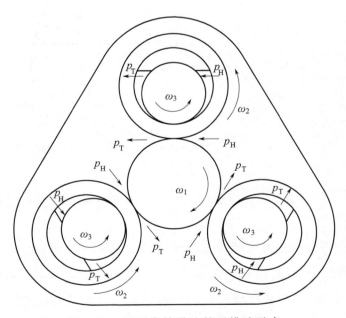

图 3-16　新型齿轮马达的吸排油示意

腔压力，p_T 为低压腔压力。从图 3-16 中可以看出，当外马达单独工作时，中心大齿轮受到液压力以及啮合力的作用，当内马达单独工作时，中心大齿轮受到啮合力的作用，当内马达与外马达同向工作以及差动连接时受到液压力和啮合力的作用。

3.3.1.1　外马达单独工作

如图 3-17 所示为马达中心大齿轮的压力分布示意，其中 φ_{H1} 为高压腔对应的区间角，φ_{T1} 为低压腔对应的区间角。高压腔的区间角和低压腔的区间角其值都是固定的，其余的区域是马达的低压腔到高压腔的过渡区间角，过渡区域的角度值也是固定的。

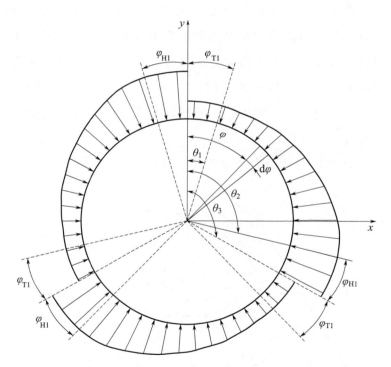

图 3-17　马达中心大齿轮的压力分布示意

将分布在齿轮圆周上的液压力展开，可以得到一条曲线，这就是压力 p 和夹角 φ 的关系图，如图 3-18 所示。图 3-18 中 $\theta_1 = \varphi_{T1}$，为马达的低压腔区域，$\theta_3 - \theta_2 = \varphi_{H1}$，为马达的高压腔区段，$\theta_1$ 到 θ_2 之间为马达低压腔到高压腔的过渡区段，在过渡区域内其压力值是

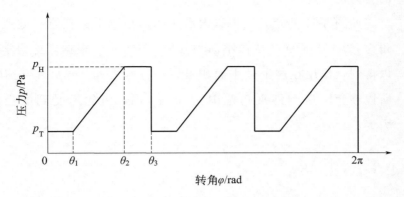

图 3-18 中心大齿轮压力分布展开图

按直线变化的，所以设压力与夹角之间的方程为

$$p(\varphi) = k\varphi + a \qquad (3\text{-}58)$$

根据图 3-18 中的边界条件可知，过渡区的直线经过 (θ_1, p_T) 和 (θ_2, p_H) 两点，所以可得到式（3-59）。

$$\begin{cases} p_H = k\theta_2 + a \\ p_T = k\theta_1 + a \end{cases} \qquad (3\text{-}59)$$

由式（3-59）可推导出低压腔到高压腔过渡区压力随夹角变化的公式。

$$p(\varphi) = p_T + \frac{p_H - p_T}{\theta_2 - \theta_1}(\varphi - \theta_1) \qquad (3\text{-}60)$$

由上面的推导可知，在夹角 $0 \sim \theta_3$ 内，中心大齿轮圆周上的压力分布为

$$\begin{cases} p(\varphi) = p_T & (0 < \varphi < \theta_1) \\ p(\varphi) = p_T + \dfrac{p_H - p_T}{\theta_2 - \theta_1}(\varphi - \theta_1) & (\theta_1 \leqslant \varphi \leqslant \theta_2) \\ p(\varphi) = p_H & (\theta_2 < \varphi < \theta_3) \end{cases} \qquad (3\text{-}61)$$

由于在马达的中心大齿轮上相隔 120°其压力分布规律是相同的，所受到的径向力大小也是相同的，所以在此只分析第一区间 $(0 \sim \theta_3)$

的受力情况。

如图 3-17 所示，在中心大齿轮的齿顶圆上的任意一处取一个夹角为 $\mathrm{d}\varphi$、宽度为 B 的微小面积 $\mathrm{d}A = BR_{a1}\mathrm{d}\varphi$，根据理论力学知识可以得到，作用在这个微小面积 $\mathrm{d}A$ 上的力为 $\mathrm{d}F_{\mathrm{p}} = p\mathrm{d}A = pBR_{a1}\mathrm{d}\varphi$，所以在第一区间即夹角范围为 $0 \sim \theta_3$ 内，齿轮所受到的径向液压力为

$$
\begin{aligned}
F_{1\mathrm{p}} &= \int_0^{\theta_3} \mathrm{d}F_{\mathrm{p}} \\
&= \int_0^{\theta_1} BR_{a1}p_{\mathrm{T}}\mathrm{d}\varphi + \int_{\theta_1}^{\theta_2} BR_{a1}\left[p_{\mathrm{T}} + \frac{p_{\mathrm{H}} - p_{\mathrm{T}}}{\theta_2 - \theta_1}(\varphi - \theta_1)\right]\mathrm{d}\varphi + \\
&\quad \int_{\theta_2}^{\theta_3} BR_{a1}p_{\mathrm{H}}\mathrm{d}\varphi \\
&= BR_{a1}p_{\mathrm{T}}\theta_1 + \frac{1}{2}BR_{a1}\left[(p_{\mathrm{H}} - p_{\mathrm{T}})\theta_2 - (p_{\mathrm{H}} + p_{\mathrm{T}})\theta_1\right] + \\
&\quad p_{\mathrm{H}}BR_{a1}(\theta_3 - \theta_2) \\
&= F_{\mathrm{T}1} + F_{\varphi 1} + F_{\mathrm{H}1}
\end{aligned} \tag{3-62}
$$

式中　$F_{\mathrm{T}1}$——中心大齿轮第一区间低压区上所受液压力，N；

　　　$F_{\varphi 1}$——中心大齿轮第一区间过渡区上所受液压力，N；

　　　$F_{\mathrm{H}1}$——中心大齿轮第一区间高压区上所受液压力，N。

其中，$F_{\mathrm{T}1} = BR_{a1}p_{\mathrm{T}}\theta_1$，$F_{\varphi 1} = BR_{a1}\left[(p_{\mathrm{H}} - p_{\mathrm{T}})\theta_2 - (p_{\mathrm{H}} + p_{\mathrm{T}})\theta_1\right]/2$，$F_{\mathrm{H}1} = p_{\mathrm{H}}BR_{a1}(\theta_3 - \theta_2)$。

同理可得，在马达中心大齿轮第二区间和第三区间上其径向液压力大小有 $F_{\mathrm{T}1} = F_{\mathrm{T}2} = F_{\mathrm{T}3}$，$F_{\varphi 1} = F_{\varphi 2} = F_{\varphi 3}$，$F_{\mathrm{H}1} = F_{\mathrm{H}2} = F_{\mathrm{H}3}$，其区别在于力的作用方向与 y 轴的夹角是不同的，分别沿 120° 绕着圆心对称分布。

由图 3-18 可知，根据理论力学知识，$F_{\mathrm{T}1}$ 的作用点与 y 轴的夹角为 $\theta_1/2$，$F_{\varphi 1}$ 的作用点与 y 轴的夹角为 $\theta_1 + 2(\theta_2 - \theta_1)/3 = (\theta_1 + 2\theta_2)/3$，$F_{\mathrm{H}1}$ 的作用点与 y 轴的夹角为 $\theta_2 + (\theta_3 - \theta_2)/2 = (\theta_2 + \theta_3)/2$，因为 $F_{\mathrm{T}1}$、$F_{\mathrm{T}2}$、$F_{\mathrm{T}3}$ 的夹角为 $2\pi/3$，将其展开后可得图 3-19。

将低压区的径向力 $F_{\mathrm{T}1}$、$F_{\mathrm{T}2}$、$F_{\mathrm{T}3}$ 在 x 轴和 y 轴上分解并求和，

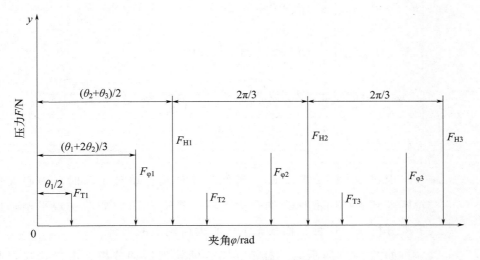

图 3-19　中心大齿轮径向液压力的作用位置分布

可得

$$
\begin{cases}
F_{Tx} = F_{T1}\sin\left(\dfrac{\theta_1}{2}\right) + F_{T1}\sin\left(\dfrac{\theta_1}{2}+\dfrac{2\pi}{3}\right) + F_{T1}\sin\left(\dfrac{\theta_1}{2}+\dfrac{4\pi}{3}\right) = 0 \\[3mm]
F_{Ty} = F_{T1}\cos\left(\dfrac{\theta_1}{2}\right) + F_{T1}\cos\left(\dfrac{\theta_1}{2}+\dfrac{2\pi}{3}\right) + F_{T1}\cos\left(\dfrac{\theta_1}{2}+\dfrac{4\pi}{3}\right) = 0
\end{cases}
\tag{3-63}
$$

将低压区到高压区的过渡区的径向力 $F_{\varphi 1}$、$F_{\varphi 2}$、$F_{\varphi 3}$ 在 x 轴和 y 轴上分解并求和，可得

$$
\begin{cases}
F_{\varphi x} = F_{\varphi 1}\sin\left[\dfrac{1}{3}(\theta_1+2\theta_2)\right] + F_{\varphi 1}\sin\left[\dfrac{1}{3}(\theta_1+2\theta_2)+\dfrac{2\pi}{3}\right] + \\[2mm]
\qquad F_{\varphi 1}\sin\left[\dfrac{1}{3}(\theta_1+2\theta_2)+\dfrac{4\pi}{3}\right] = 0 \\[3mm]
F_{\varphi y} = F_{\varphi 1}\cos\left[\dfrac{1}{3}(\theta_1+2\theta_2)\right] + F_{\varphi 1}\cos\left[\dfrac{1}{3}(\theta_1+2\theta_2)+\dfrac{2\pi}{3}\right] + \\[2mm]
\qquad F_{\varphi 1}\cos\left[\dfrac{1}{3}(\theta_1+2\theta_2)+\dfrac{4\pi}{3}\right] = 0
\end{cases}
\tag{3-64}
$$

将高压区的径向力 F_{H1}、F_{H2}、F_{H3} 在 x 轴和 y 轴上分解并求和，可得

$$
\begin{cases}
F_{\mathrm{H}x} = F_{\varphi1} \sin \left[\dfrac{1}{2}\left(\theta_2+\theta_3\right) \right] + F_{\varphi1} \sin \left[\dfrac{1}{2}\left(\theta_2+\theta_3\right) + \dfrac{2\pi}{3} \right] + \\
\qquad F_{\varphi1} \sin \left[\dfrac{1}{2}\left(\theta_2+\theta_3\right) + \dfrac{4\pi}{3} \right] = 0 \\
F_{\mathrm{H}y} = F_{\varphi1} \cos \left[\dfrac{1}{2}\left(\theta_2+\theta_3\right) \right] + F_{\varphi1} \cos \left[\dfrac{1}{2}\left(\theta_2+\theta_3\right) + \dfrac{2\pi}{3} \right] + \\
\qquad F_{\varphi1} \cos \left[\dfrac{1}{2}\left(\theta_2+\theta_3\right) + \dfrac{4\pi}{3} \right] = 0
\end{cases}
\tag{3-65}
$$

由式(3-63)~式(3-65) 可知，在外马达单独工作时，中心大齿轮所受到的径向液压力的合力为零，径向液压力能够实现平衡，接下来分析一下这种工作状态下中心大齿轮上的啮合力。

如图 3-20 所示为一对相互啮合的轮齿运动分析，由齿轮啮合原理可知，一对相互啮合的齿轮，主动齿轮上所受到的啮合力其方向总是沿着啮合线的方向并与其位移方向是相反的，而与之啮合的从动轮受到的啮合力其方向与啮合线的位移方向是相同的，并且主动齿轮与从动齿轮受到的啮合力大小是相同的。

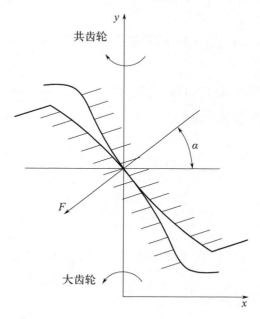

图 3-20　一对相互啮合的轮齿运动分析

如图 3-21 所示为中心大齿轮的啮合力分析，因为在所设计的齿轮马达中，与中心大齿轮相啮合的三个共齿轮是呈 120°对称分布的，并且三个外马达总是一起工作的，所以图 3-21 中的 F_1、F_2、F_3 大小相同，并且方向是呈 120°对称分布的。F_1 与 x 轴夹角为 α，F_2 与 x 轴夹角为 $\alpha+60°$，F_3 与 x 轴的夹角为 $60°-\alpha$。

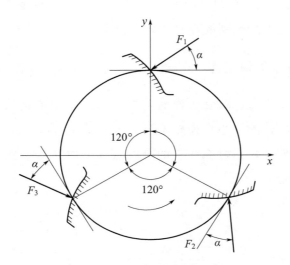

图 3-21　中心大轮齿的啮合力分析

当外啮合齿轮马达工作时，液压力直接作用在主动齿轮的轮齿上，使得主动齿轮获得一个转矩。与此不同的是，对于从动齿轮，液压力通过作用齿面将转矩传递给从动齿轮的同时，由于从动齿轮和主动齿轮在啮合点处接触，所以从动齿轮又通过啮合点，将此转矩传递给主动齿轮。由之前的推论可知，当外马达单独工作时，从动齿轮即共齿轮上的转矩为

$$T_2 = F_2 L_2 = p_H B (R_{a2} - R_{c2})(R_{a2} + R_{c2})/2 = p_H B (R_{a2}^2 - R_{c2}^2)/2$$

$$(3\text{-}66)$$

式中　R_{a2}——马达共齿轮齿顶圆半径，m；

　　　R_{c2}——啮合点至共齿轮中心 O_2 的距离，m。

为了便于分析，通常取 $R_{c2}=R_2$，即假定啮合点到齿轮中心的距离为齿轮的分度圆半径，则大齿轮所受到的啮合力为

$$F_{T1} = \frac{T_2}{R_2} = \frac{p_H B (R_{a2}^2 - R_2^2)}{2R_2} = F_1 = F_2 = F_3 \qquad (3\text{-}67)$$

将图 3-20 中的 F_1、F_2、F_3 分别向 x 轴和 y 轴简化，可得下式。

$$\begin{cases} F_{T1x} = -F_1\cos\alpha + F_2\cos(\alpha+60°) + F_3\cos(60°-\alpha) = 0 \\ F_{T1y} = -F_1\sin\alpha + F_2\sin(\alpha+60°) + F_3\sin(60°-\alpha) = 0 \end{cases} \tag{3-68}$$

由式（3-65）和式（3-68）可知，当外马达单独工作时，马达的中心大齿轮上所受到的径向力合力为零。

3.3.1.2　内马达单独工作

由于内马达单独工作时，外马达处于卸荷状态，所以这种工作状态下马达的中心大齿轮不受到液压力的作用，只受共齿轮对它的啮合力作用，通过 3.2 节的分析可知，内马达单独工作时，共齿轮上的转矩为

$$T_{M内} = \frac{p_H B}{2}\left[(R_{c3}^2 - R_{a3}^2) + \frac{R_3}{R_4}(R_{a4}^2 - R_{c4}^2)\right] \tag{3-69}$$

式中　R_{a3}——共齿轮的内齿轮齿顶圆半径，m；

$\quad\quad R_{c3}$——共齿轮内齿啮合点至共齿轮齿轮中心 O_3 的距离，m；

$\quad\quad R_3$——共齿轮内齿分度圆半径，m；

$\quad\quad R_4$——小齿轮分度圆半径，m；

$\quad\quad R_{a4}$——小齿轮齿顶圆半径，m；

$\quad\quad R_{c4}$——小齿轮啮合点至小齿轮中心 O_4 的距离，m。

所以内马达单独工作时中心大齿轮所受到的啮合力为

$$F_{T2} = \frac{T_{M内}}{R_2} = \frac{p_H B}{2R_2}\left[(R_{c3}^2 - R_{a3}^2) + \frac{R_3}{R_4}(R_{a4}^2 - R_{c4}^2)\right] = F_1 = F_2 = F_3 \tag{3-70}$$

同理，将啮合力 F_1、F_2、F_3 分别向 x 轴和 y 轴简化，可得

$$\begin{cases} F_{T2x} = -F_1\cos\alpha + F_2\cos(\alpha+60°) + F_3\cos(60°-\alpha) = 0 \\ F_{T2y} = -F_1\sin\alpha + F_2\sin(\alpha+60°) + F_3\sin(60°-\alpha) = 0 \end{cases} \tag{3-71}$$

由式（3-71）可知，当内马达单独工作时，马达的中心大齿轮上所受到的径向力合力为零。

3.3.1.3　内马达与外马达同向工作

由于新型齿轮马达的特殊结构，内马达与外马达在工作时是相互独立的，两者在工作时互不影响，所以计算内马达与外马达同向工作时的径向力，其本质相当于内马达与外马达单独工作时的径向力之和，由式（3-63）～式（3-65）可知，中心大齿轮上受到的液压力为

$$\begin{cases} F_{px} = F_{Tx} + F_{\varphi x} + F_{Hx} = 0 \\ F_{py} = F_{Ty} + F_{\varphi y} + F_{Hy} = 0 \end{cases} \tag{3-72}$$

由式（3-68）和式（3-71）可知，中心大齿轮上受到的啮合力为

$$\begin{cases} F_{Tx} = F_{T1x} + F_{T2x} = 0 \\ F_{Ty} = F_{T1y} + F_{T2y} = 0 \end{cases} \tag{3-73}$$

由式（3-72）和式（3-73）可知，当内马达与外马达同向工作时，马达的中心大齿轮上所受到的径向力合力为零。

3.3.1.4　内马达与外马达差动连接

内马达与外马达的差动连接，其本质就是将内马达与外马达反向通油，此时内马达相当于一个齿轮泵，由于内马达与外马达的相互独立性，所以差动连接时中心大齿轮受到的径向力相当于外马达与内马达单独工作时的径向力之差，由式（3-63）～式（3-65）可知，中心大齿轮上受到的液压力为

$$\begin{cases} F_{px} = F_{Tx} + F_{\varphi x} + F_{Hx} = 0 \\ F_{py} = F_{Ty} + F_{\varphi y} + F_{Hy} = 0 \end{cases} \tag{3-74}$$

由式（3-68）和式（3-71）可知，中心大齿轮上受到的啮合力为

$$\begin{cases} F_{Tx} = F_{T1x} - F_{T2x} = 0 \\ F_{Ty} = F_{T1y} - F_{T2y} = 0 \end{cases} \tag{3-75}$$

由式（3-74）和式（3-75）可知，当内马达与外马达差动连接时，马达的中心大齿轮上所受到的径向力合力为零。

3.3.2 共齿轮径向力分析

由于输出轴力平衡型多输入齿轮马达有四种不同的工作方式，因此共齿轮在不同的工作状态下所受到的径向力是不同的，接下来分别对马达的四种不同工作方式下共齿轮所受到液压力和啮合力产生的径向力进行分析。

3.3.2.1 外马达单独工作

当外马达单独工作时，作用在共齿轮上的径向力由齿轮圆周分布的静液压力 F_{p2} 和中心大齿轮对共齿轮的啮合力 F_{T2} 组成，其受力分布如图 3-22 所示。

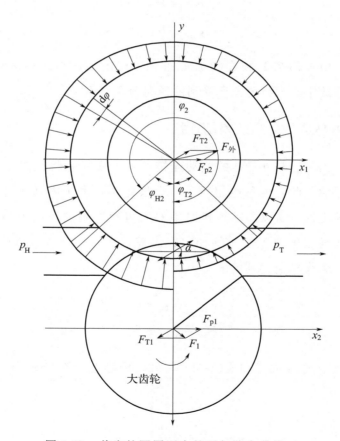

图 3-22 共齿轮圆周压力的近似分布曲线一

图 3-22 中，在角度 φ_{T2} 内齿轮与低压腔接触，受压力 P_T 作用，

在角度 φ_{H2} 内齿轮与高压腔接触，受压力 p_H 作用，在高压腔和低压腔受到的压力是固定的，而高压腔和低压腔之间的区域所受到的压力大小不是固定的。

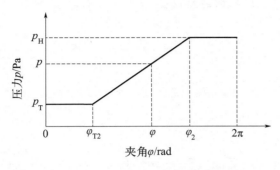

图 3-23　共齿轮圆周压力分布曲线展开图一

将共齿轮圆周上的压力分布曲线展开，得到共齿轮圆周上的压力 p 随夹角 φ 的变化情况，如图 3-23 所示，因为三个阶段函数是呈线性分布的，所以可得出共齿轮圆周上的压力分布函数为：

$$\begin{cases} p(\varphi)=p_T=常数 & (0<\varphi<\varphi_{T2}) \\ p(\varphi)=p_T+\dfrac{p_H-p_T}{\varphi_2-\varphi_{T2}}(\varphi-\varphi_{T2}) & (\varphi_{T2}\leqslant\varphi\leqslant\varphi_2) \\ p(\varphi)=p_H=常数 & (\varphi_2<\varphi<2\pi) \end{cases} \quad (3\text{-}76)$$

在图 3-22 中的共齿轮的齿顶圆上取一个夹角为 $\mathrm{d}\varphi$、宽度为 B 的微小面积 $\mathrm{d}A=BR_{a2}\mathrm{d}\varphi$，作用在微小面积 $\mathrm{d}A$ 上的液压力大小为 $\mathrm{d}F_p=p\mathrm{d}A=pBR_{a2}\mathrm{d}\varphi$，根据图 3-23 所示的共齿轮圆周压力分布规律，分别在三个区段上积分可得相应的液压力 F_{px1}、F_{px2}、F_{px3} 和 F_{py1}、F_{py2}、F_{py3}，所以在 x、y 轴上的合力为

$$\begin{cases} F_{px}=F_{px1}+F_{px2}+F_{px3}=BR_{a2}(P_H-P_T)\left(1-\dfrac{\sin\varphi_2-\sin\varphi_{T2}}{\varphi_2-\varphi_{T2}}\right) \\ F_{py}=F_{py1}+F_{py2}+F_{py3}=-BR_{a2}(P_H-P_T)\left(\dfrac{\cos\varphi_2-\cos\varphi_{T2}}{\varphi_2-\varphi_{T2}}\right) \end{cases}$$

$$(3\text{-}77)$$

式中　R_{a2}——共齿轮的外齿轮齿顶圆半径，m；

B——共齿轮的外齿轮齿宽，m；

p_H——高压腔压力，MPa；

p_T——低压腔压力，MPa。

所以共齿轮所受到的液压力产生的径向力为

$$F_{p外} = \sqrt{(F_{px}^2 + F_{py}^2)} \tag{3-78}$$

$\varphi_{T2} = 2\pi - \varphi_2$，$\cos(\varphi_{T2}) = \cos(\varphi_2)$，$\sin(\varphi_{T2}) = -\sin(\varphi_2)$，代入式(4-20) 和式(4-21)，可得

$$F_{p外} = F_{px} = B R_{a2}(p_H - p_T)\left(1 + \frac{\sin\varphi_{T2}}{\pi - \varphi_{T2}}\right) \tag{3-79}$$

当外马达单独工作时，主动轮是中心大齿轮，而从动轮是共齿轮，主动轮和从动轮受到的啮合力大小相等、方向相反，通过前面的推导，由式(3-67) 可知，共齿轮上的啮合力大小为

$$F_{T外} = \frac{T_2}{R_2} = \frac{p_H B(R_{a2}^2 - R_2^2)}{2R_2} \tag{3-80}$$

将共齿轮所受到的啮合力 $F_{T外}$ 沿 x、y 轴分解，可得

$$\begin{cases} F_{T外x} = F_{T外}\cos\alpha = \dfrac{p_H B(R_{a2}^2 - R_2^2)}{2R_2}\cos\alpha \\[3mm] F_{T外y} = F_{T外}\sin\alpha = \dfrac{p_H B(R_{a2}^2 - R_2^2)}{2R_2}\sin\alpha \end{cases} \tag{3-81}$$

式中　α——齿轮啮合角，rad。

所以当外马达单独工作时，共齿轮上所受到的径向力为

$$\begin{cases} F_{外x} = F_{px} + F_{T外x} = B R_{a2}(p_H - p_T)\left(1 + \dfrac{\sin\varphi_{T2}}{\pi - \varphi_{T2}}\right) + \\[3mm] \qquad \dfrac{p_H B(R_{a2}^2 - R_2^2)}{2R_2}\cos\alpha \\[3mm] F_{外y} = F_{py} + F_{T外y} = \dfrac{p_H B(R_{a2}^2 - R_2^2)}{2R_2}\sin\alpha \end{cases} \tag{3-82}$$

3.3.2.2　内马达单独工作

当内马达单独工作时，作用在共齿轮上的径向力由齿轮圆周分布的静液压力 F_{p3}、小齿轮对共齿轮的啮合力 F_{T3} 以及中心大齿轮对共齿轮的啮合力 F'_{T3} 组成，其受力分布如图 3-24 所示。

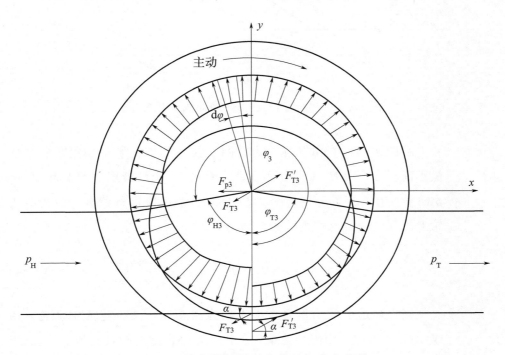

图 3-24　共齿轮圆周压力的近似分布曲线二

如图 3-24 所示为共齿轮圆周压力的近似分布近似曲线，其中在角度 φ_{T3} 内齿轮与低压腔接触，受压力 p_T 作用，在角度 φ_{H3} 内齿轮与高压腔接触，受压力 p_H 作用，在高压腔和低压腔受到的压力是固定的，而高压腔和低压腔之间的区域所受到的压力大小不是固定的。

将共齿轮圆周上的压力分布曲线展开，得到共齿轮圆周上的压力 p 随夹角 φ 的变化情况，如图 3-25 所示，因为三个阶段函数是呈线性分布的，所以可得出共齿轮圆周上的压力分布函数为

$$\begin{cases} p(\varphi)=p_T=\text{常数} & (0<\varphi<\varphi_{T3}) \\ p(\varphi)=p_T+\dfrac{p_H-p_T}{\varphi_3-\varphi_{T3}}(\varphi-\varphi_{T3}) & (\varphi_{T3}\leqslant\varphi\leqslant\varphi_3) \\ p(\varphi)=p_H=\text{常数} & (\varphi_3<\varphi<2\pi) \end{cases} \quad (3\text{-}83)$$

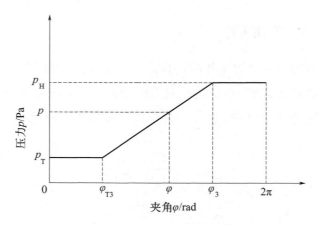

图 3-25　共齿轮圆周压力分布曲线展开图二

在图 3-24 中的共齿轮的齿顶圆上取一个夹角为 $\mathrm{d}\varphi$、宽度为 B 的微小面积 $\mathrm{d}A = BR_{a3}\mathrm{d}\varphi$，作用在微小面积 $\mathrm{d}A$ 上的液压力大小为 $\mathrm{d}F_p = p\mathrm{d}A = pBR_{a3}\mathrm{d}\varphi$，分别对图 3-25 中的各个区段进行积分，可得共齿轮上受到的液压力产生的径向力为

$$F_{p\text{内}} = F_{px} = BR_{a3}(p_H - p_T)\left(1 + \frac{\sin\varphi_{T3}}{\pi - \varphi_{T3}}\right) \tag{3-84}$$

当内马达单独工作时，小齿轮为从动轮，共齿轮为主动轮，由式（3-27）可知，当内马达单独工作时，小齿轮上的转矩为 $T_4 = p_H B(R_{a4}^2 - R_{c4}^2)/2$，所以小齿轮和共齿轮内齿上受到的啮合力为

$$F_{T3} = \frac{T_4}{R_4} = \frac{p_H B(R_{a4}^2 - R_{c4}^2)}{2R_4} \tag{3-85}$$

根据前面的推导，由式（3-30）可知，当内马达单独工作时，共齿轮输出的转矩大小为 $T_{M\text{内}} = p_H B[(R_{c3}^2 - R_{a3}^2) + R_3(R_{a4}^2 - R_{c4}^2)/R_4]/2$，因为所设计的马达最终是靠与中心大齿轮相连的输出轴对外输出转矩，所以对外输出转矩时，共齿轮外齿相当于从动齿轮。共齿轮还会受到中心大齿轮的啮合力，啮合力为

$$F'_{T3} = \frac{T_{M\text{内}}}{R_2} = \frac{p_H B}{2R_2}\left[(R_{c3}^2 - R_{a3}^2) + \frac{R_3}{R_4}(R_{a4}^2 - R_{c4}^2)\right] \tag{3-86}$$

所以内马达单独工作时共齿轮受到的啮合力为

$$F_{T内} = F'_{T3} - F_{T3}$$

$$= \frac{p_H B}{2R_2}\left[(R_{c3}^2 - R_{a3}^2) + \frac{R_3}{R_4}(R_{a4}^2 - R_{c4}^2)\right] - \frac{p_H B(R_{a4}^2 - R_{c4}^2)}{2R_4}$$

$$(3-87)$$

将共齿轮所受到的啮合力 $F_{T内}$ 沿 x、y 轴分解，可得

$$
\begin{cases}
F_{T内 x} = F_{T内}\cos\alpha \\
\qquad = \left\{\dfrac{p_H B}{2R_2}\left[(R_{c3}^2 - R_{a3}^2) + \dfrac{R_3}{R_4}(R_{a4}^2 - R_{c4}^2)\right] - \right. \\
\qquad\qquad \left. \dfrac{p_H B(R_{a4}^2 - R_{c4}^2)}{2R_4}\right\}\cos\alpha \\
F_{T内 y} = F_{T内}\sin\alpha \\
\qquad = \left\{\dfrac{p_H B}{2R_2}\left[(R_{c3}^2 - R_{a3}^2) + \dfrac{R_3}{R_4}(R_{a4}^2 - R_{c4}^2)\right] - \right. \\
\qquad\qquad \left. \dfrac{p_H B(R_{a4}^2 - R_{c4}^2)}{2R_4}\right\}\sin\alpha
\end{cases}
\qquad (3-88)
$$

所以当内马达单独工作时，共齿轮上所受到的径向力为

$$
\begin{cases}
F_{内 x} = F_{p内} - F_{T内 x} \\
\qquad = \left\{\dfrac{p_H B}{2R_2}\left[(R_{c3}^2 - R_{a3}^2) + \dfrac{R_3}{R_4}(R_{a4}^2 - R_{c4}^2)\right] - \right. \\
\qquad\qquad \left. \dfrac{p_H B(R_{a4}^2 - R_{c4}^2)}{2R_4}\right\}\cos\alpha - BR_{a3}(p_H - p_T)\left(1 + \dfrac{\sin\varphi_{T3}}{\pi - \varphi_{T3}}\right) \\
F_{内 y} = F_{T内 y} \\
\qquad = \left\{\dfrac{p_H B}{2R_2}\left[(R_{c3}^2 - R_{a3}^2) + \dfrac{R_3}{R_4}(R_{a4}^2 - R_{c4}^2)\right] - \dfrac{p_H B(R_{a4}^2 - R_{c4}^2)}{2R_4}\right\}\sin\alpha
\end{cases}
$$

$$(3-89)$$

3.3.2.3　内马达与外马达同向工作

内马达与外马达的同向工作，由于内马达与外马达独立工作，互不影响，所以此时的径向力即为内马达与外马达分别独立工作时的径向力之和，根据式(3-82) 和式(3-89) 可知，内外马达同向工作时共齿轮受到的径向力为

$$\begin{cases}
F_{\text{同}x} = F_{\text{外}x} + F_{\text{内}x} \\
\qquad = BR_{a2}(p_H - p_T)\left(1 + \dfrac{\sin\varphi_{T2}}{\pi - \varphi_{T2}}\right) + \dfrac{p_H B(R_{a2}^2 - R_2^2)}{2R_2}\cos\alpha - \\
\qquad\quad BR_{a3}(p_H - p_T)\left(1 + \dfrac{\sin\varphi_{T3}}{\pi - \varphi_{T3}}\right) + \left\{\dfrac{p_H B}{2R_2}\left[(R_{c3}^2 - R_{a3}^2) + \right.\right. \\
\qquad\quad \left.\left. \dfrac{R_3}{R_4}(R_{a4}^2 - R_{c4}^2)\right] - \dfrac{p_H B(R_{a4}^2 - R_{c4}^2)}{2R_4}\right\}\cos\alpha \\
F_{\text{同}y} = F_{\text{外}y} + F_{\text{内}y} \\
\qquad = \dfrac{p_H B(R_{a2}^2 - R_2^2)}{2R_2}\sin\alpha + \left\{\dfrac{p_H B}{2R_2}\left[(R_{c3}^2 - R_{a3}^2) + \right.\right. \\
\qquad\quad \left.\left. \dfrac{R_3}{R_4}(R_{a4}^2 - R_{c4}^2)\right] - \dfrac{p_H B(R_{a4}^2 - R_{c4}^2)}{2R_4}\right\}\sin\alpha
\end{cases} \tag{3-90}$$

3.3.2.4　内马达与外马达差动连接

内马达与外马达的差动连接，其本质就是将内马达与外马达反向通油，此时内马达相当于一个齿轮泵，由于内马达与外马达的相互独立性，所以差动连接时共齿轮受到的径向力相当于外马达与内马达单独工作时的径向力之差，由式（3-82）和式（3-89）可知，共齿轮上受到的径向力为

$$\begin{cases}
F_{\text{差}x} = F_{\text{外}x} - F_{\text{内}x} \\
\qquad = BR_{a2}(p_H - p_T)\left(1 + \dfrac{\sin\varphi_{T2}}{\pi - \varphi_{T2}}\right) + \dfrac{p_H B(R_{a2}^2 - R_2^2)}{2R_2}\cos\alpha + \\
\qquad\quad BR_{a3}(p_H - p_T)\left(1 + \dfrac{\sin\varphi_{T3}}{\pi - \varphi_{T3}}\right) - \left\{\dfrac{p_H B}{2R_2}\left[(R_{c3}^2 - R_{a3}^2) + \right.\right. \\
\qquad\quad \left.\left. \dfrac{R_3}{R_4}(R_{a4}^2 - R_{c4}^2)\right] - \dfrac{p_H B(R_{a4}^2 - R_{c4}^2)}{2R_4}\right\}\cos\alpha \\
F_{\text{差}y} = F_{\text{外}y} - F_{\text{内}y} \\
\qquad = \dfrac{p_H B(R_{a2}^2 - R_2^2)}{2R_2}\sin\alpha - \left\{\dfrac{p_H B}{2R_2}\left[(R_{c3}^2 - R_{a3}^2) + \right.\right. \\
\qquad\quad \left.\left. \dfrac{R_3}{R_4}(R_{a4}^2 - R_{c4}^2)\right] - \dfrac{p_H B(R_{a4}^2 - R_{c4}^2)}{2R_4}\right\}\sin\alpha
\end{cases} \tag{3-91}$$

3.3.3　小齿轮径向力分析

新型齿轮马达内马达与外马达是相互独立工作，互不影响的，所以小齿轮所受到的径向力在内马达独立工作时和内外马达同向工作时所受到的径向力是一样的，当外马达独立工作时，内马达处于卸荷状态，这时所受到的液压力和啮合力可以忽略不计，当外马达与内马达实现差动连接时，内马达反转，此时小齿轮所受到的径向力和内马达单独工作时所受到的径向力大小相等、方向相反。为了避免重复分析，所以接下来只分析内马达工作时小齿轮所受到的径向力。

如图 3-26 所示为小齿轮圆周压力的近似分布曲线，作用在小齿轮上的径向力由齿轮圆周分布的静液压力 F_{p4} 和共齿轮对小齿轮的啮合力 F_{T4} 组成，其中在角度 φ_{T4} 内小齿轮与低压腔接触，受压力 p_T 作用，在角度 φ_{H4} 内小齿轮与高压腔接触，受压力 p_H 作用，在高压腔和低压腔受到的压力是固定的，而高压腔和低压腔之间的区域，即夹角为 $\varphi_4 - \varphi_{T4}$ 区段，所受到的压力大小不是固定的。

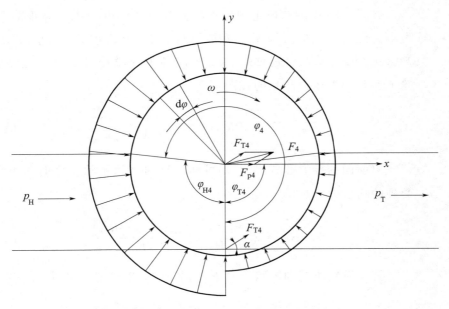

图 3-26　小齿轮圆周压力的近似分布曲线

如图 3-27 所示为小齿轮圆周压力分布曲线展开图，因为三个阶

段函数是呈线性分布的，可得出小齿轮圆周上的压力分布函数为

$$\begin{cases} p(\varphi) = p_T = 常数 & (0 < \varphi < \varphi_{T4}) \\ p(\varphi) = p_T + \dfrac{p_H - p_T}{\varphi_4 - \varphi_{T4}}(\varphi - \varphi_{T4}) & (\varphi_{T4} \leqslant \varphi \leqslant \varphi_4) \\ p(\varphi) = p_H = 常数 & (\varphi_4 < \varphi < 2\pi) \end{cases} \tag{3-92}$$

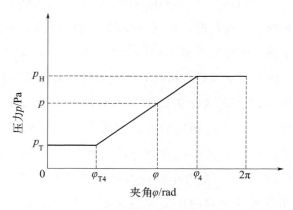

图 3-27　小齿轮圆周压力分布曲线展开图

在图 3-26 中的共齿轮的齿顶圆上取一个夹角为 $\mathrm{d}\varphi$、宽度为 B 的微小面积 $\mathrm{d}A = BR_{a4}\mathrm{d}\varphi$，作用在微小面积 $\mathrm{d}A$ 上的液压力大小为 $\mathrm{d}F_p = p\mathrm{d}A = pBR_{a4}\mathrm{d}\varphi$，分别对图 3-27 中的各个区段进行积分，可得小齿轮上受到的液压力产生的径向力为

$$F_{p内} = F_{px} = BR_{a4}(p_H - p_T)\left(1 + \frac{\sin\varphi_{T4}}{\pi - \varphi_{T4}}\right) \tag{3-93}$$

由前面的推导和式（3-85）可知，当内马达单独工作时，小齿轮受到的啮合力为

$$F_{T4} = F_{T3} = \frac{T_4}{R_4} = \frac{p_H B(R_{a4}^2 - R_{c4}^2)}{2R_4} \tag{3-94}$$

将小齿轮所受到的啮合力 F_{T4} 沿 x、y 轴分解，可得

$$\begin{cases} F_{T4x} = F_{T4}\cos\alpha = \dfrac{p_H B(R_{a4}^2 - R_{c4}^2)}{2R_4}\cos\alpha \\ F_{T4y} = F_{T4}\sin\alpha = \dfrac{p_H B(R_{a4}^2 - R_{c4}^2)}{2R_4}\sin\alpha \end{cases} \tag{3-95}$$

所以当内马达单独工作时，小齿轮上受到的径向力为

$$
\begin{cases}
F_{4x} = F_{T4x} + F_{px} = \dfrac{p_{\mathrm{H}} B (R_{a4}^2 - R_{c4}^2)}{2R_4} \cos\alpha + B R_{a4} (p_{\mathrm{H}} - p_{\mathrm{T}}) \left(1 + \dfrac{\sin\varphi_{T4}}{\pi - \varphi_{T4}}\right) \\[3mm]
F_{4y} = F_{T4y} = \dfrac{p_{\mathrm{H}} B (R_{a4}^2 - R_{c4}^2)}{2R_4} \sin\alpha
\end{cases}
$$

$$(3\text{-}96)$$

当内马达与外马达同向工作时，小齿轮受到的径向力与式(3-96)相同，当内马达与外马达差动连接时，小齿轮受到的径向力与内马达单独工作时受到的径向力大小相等、方向相反。

3.4
输出轴力平衡型多输入齿轮马达的流场仿真

由于液压油在马达内部的流动状态很复杂，如果流道设计不合理，将会产生液压油的压力损失，从而导致马达的效率下降，所以在设计一个新型马达时有必要对其内部流场进行分析。

3.4.1　流道的三维模型建立及网格划分

（1）进油流道的三维模型

内马达和外马达的流道模型相似，不过出油口处的直径不同，所以分别进行分析。首先利用三维软件对内外马达进油流道分别建模，如图 3-28 所示，然后选择合适的网格划分方法对其进行网格划分。

（2）进油流道模型的网格划分

如图 3-29 所示是马达进油流道网格划分，其中外马达的进油流道网格划分总结点数为 83215 个，总单元数为 428347 个，内马达的进油流道网格划分总节点数为 61541 个，总单元数为 336322 个。

 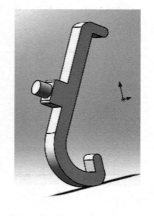

(a) 外马达进油流道模型　　　　　(b) 内马达进油流道模型

图 3-28　马达进油流道三维模型

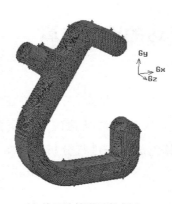 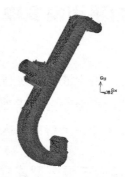

(a) 外马达流道网格划分　　　　　(b) 内马达流道网格划分

图 3-29　马达进油流道网格划分

3.4.2　流体动力学控制方程及计算条件设置

3.4.2.1　流体动力学控制方程

所有的流体流动问题都是在三个基本物理守恒定律的基础之上进行分析的，其中涉及质量守恒定律、动量守恒定律以及能量守恒定律。而对于流体动力学中的控制方程，其本质就是对上述的三个定律进行数学层面的描述，接下来分别介绍这三个守恒定律的方程表达式。

（1）质量守恒定律

质量守恒定律应用在流体问题中可以表达为，在单位的时间内，流体微元体所增加的质量，就是在这段时间内流入此微元体的质量，根据这个定律可得到质量守恒方程。

$$\frac{\partial \rho}{\partial t} + \frac{\partial (\rho u)}{\partial x} + \frac{\partial (\rho v)}{\partial y} + \frac{\partial (\rho w)}{\partial z} = 0 \qquad (3\text{-}97)$$

引进矢量符号 $\mathrm{div}(\boldsymbol{a}) = \dfrac{\partial a_x}{\partial x} + \dfrac{\partial a_y}{\partial y} + \dfrac{\partial a_z}{\partial z}$，则式（3-97）可以写为

$$\frac{\partial \rho}{\partial t} + \mathrm{div}(\rho \boldsymbol{u}) = 0 \qquad (3\text{-}98)$$

若用 ∇ 表示散度，则 $\nabla \boldsymbol{a} = \mathrm{div}(\boldsymbol{a}) = \dfrac{\partial a_x}{\partial x} + \dfrac{\partial a_y}{\partial y} + \dfrac{\partial a_z}{\partial z}$，式（3-97）可以写为

$$\frac{\partial \rho}{\partial t} + \nabla(\rho \boldsymbol{u}) = 0 \qquad (3\text{-}99)$$

在式（3-97）～式（3-99）中，t 是时间；ρ 是密度；$\boldsymbol{u}$ 是速度矢量；u、v、w 则分别是速度矢量 $\boldsymbol{u}$ 在 x、y、z 三个方向上的分量。

式（3-97）～式（3-99）是针对可压缩流体的，如果需要计算的流体不是可压缩流体，那么它的密度 ρ 是不变的，式（3-97）可以变为

$$\frac{\partial u}{\partial x} + \frac{\partial v}{\partial y} + \frac{\partial w}{\partial z} = 0 \qquad (3\text{-}100)$$

如果流体的流动状态是不变的，那么它的密度 ρ 是不随时间而变化的，所以式（3-97）可以变为

$$\frac{\partial (\rho u)}{\partial x} + \frac{\partial (\rho v)}{\partial y} + \frac{\partial (\rho w)}{\partial z} = 0 \qquad (3\text{-}101)$$

（2）动量守恒定律

动量守恒定律是分析流体流动问题中所必须考虑的第二个守恒定

律，在流体问题中，动量守恒定律可以理解为，流体微元体上所受到的所有力的和，其数值与该微元体的动量对时间的变化率相等。根据动量守恒定律，可以推导出在 x、y、z 三个方向上的动量守恒方程。

$$\begin{cases} \dfrac{\partial(\rho u)}{\partial t}+\mathrm{div}(\rho u\boldsymbol{u})=\mathrm{div}(\mu\,\mathrm{grad}u)-\dfrac{\partial p}{\partial x}+S_u \\[2mm] \dfrac{\partial(\rho v)}{\partial t}+\mathrm{div}(\rho v\boldsymbol{u})=\mathrm{div}(\mu\,\mathrm{grad}v)-\dfrac{\partial p}{\partial y}+S_v \\[2mm] \dfrac{\partial(\rho w)}{\partial t}+\mathrm{div}(\rho w\boldsymbol{u})=\mathrm{div}(\mu\,\mathrm{grad}w)-\dfrac{\partial p}{\partial z}+S_w \end{cases} \quad (3\text{-}102)$$

式中，$\mathrm{grad}(\ )=\partial(\ )/\partial x+\partial(\ )/\partial y+\partial(\ )/\partial z$，符号 S_u、S_v、S_w 是动量守恒方程中的广义源项，$S_u=F_x+s_x$，$S_v=F_y+s_y$，$S_w=F_z+s_z$，其中 s_x、s_y、s_z 的表达式为

$$\begin{cases} s_x=\dfrac{\partial}{\partial x}\left(\mu\dfrac{\partial u}{\partial x}\right)+\dfrac{\partial}{\partial y}\left(\mu\dfrac{\partial v}{\partial x}\right)+\dfrac{\partial}{\partial z}\left(\mu\dfrac{\partial w}{\partial x}\right)+\dfrac{\partial}{\partial x}(\lambda\,\mathrm{div}\boldsymbol{u}) \\[2mm] s_y=\dfrac{\partial}{\partial x}\left(\mu\dfrac{\partial u}{\partial y}\right)+\dfrac{\partial}{\partial y}\left(\mu\dfrac{\partial v}{\partial y}\right)+\dfrac{\partial}{\partial z}\left(\mu\dfrac{\partial w}{\partial y}\right)+\dfrac{\partial}{\partial y}(\lambda\,\mathrm{div}\boldsymbol{u}) \\[2mm] s_z=\dfrac{\partial}{\partial x}\left(\mu\dfrac{\partial u}{\partial z}\right)+\dfrac{\partial}{\partial y}\left(\mu\dfrac{\partial v}{\partial z}\right)+\dfrac{\partial}{\partial z}\left(\mu\dfrac{\partial w}{\partial z}\right)+\dfrac{\partial}{\partial z}(\lambda\,\mathrm{div}\boldsymbol{u}) \end{cases} (3\text{-}103)$$

一般情况下，s_x、s_y、s_z 是小量，对于黏性恒定的不可压缩的流体可以认为 $s_x=s_y=s_z=0$，所以动量守恒方程也可以表示为

$$\begin{cases} \dfrac{\partial(\rho u)}{\partial t}+\mathrm{div}(\rho u\boldsymbol{u})=\dfrac{\partial}{\partial x}\left(\mu\dfrac{\partial u}{\partial x}\right)+\dfrac{\partial}{\partial y}\left(\mu\dfrac{\partial u}{\partial y}\right)+\dfrac{\partial}{\partial z}\left(\mu\dfrac{\partial u}{\partial z}\right)-\dfrac{\partial p}{\partial x}+S_u \\[2mm] \dfrac{\partial(\rho v)}{\partial t}+\mathrm{div}(\rho v\boldsymbol{u})=\dfrac{\partial}{\partial x}\left(\mu\dfrac{\partial v}{\partial x}\right)+\dfrac{\partial}{\partial y}\left(\mu\dfrac{\partial v}{\partial y}\right)+\dfrac{\partial}{\partial z}\left(\mu\dfrac{\partial v}{\partial z}\right)-\dfrac{\partial p}{\partial y}+S_v \\[2mm] \dfrac{\partial(\rho w)}{\partial t}+\mathrm{div}(\rho w\boldsymbol{u})=\dfrac{\partial}{\partial x}\left(\mu\dfrac{\partial w}{\partial x}\right)+\dfrac{\partial}{\partial y}\left(\mu\dfrac{\partial w}{\partial y}\right)+\dfrac{\partial}{\partial z}\left(\mu\dfrac{\partial w}{\partial z}\right)-\dfrac{\partial p}{\partial z}+S_w \end{cases}$$

$$(3\text{-}104)$$

（3）能量守恒定律

能量守恒定律是分析流体流动问题中所必须考虑的第三个守恒定律，在流体问题中，能量守恒定律可以理解为，进入流体微元体的

净热量与微元体所受到的所有力对其所做的功之和，其数值等于该微元体的能量增加率。流体的能量（E）通常是内能（i）、动能 $[K = (u_2 + v_2 + w_2)/2]$ 以及势能（P）之和，能量守恒定律方程如下。

$$\frac{\partial(\rho T)}{\partial t} + \mathrm{div}(\rho u T) = \mathrm{div}\left(\frac{k}{c_p}\mathrm{grad}T\right) + S_T \tag{3-105}$$

式中　c_p——比热容；

　　　T——温度。

式（3-105）也可以写成展开形式。

$$\frac{\partial(\rho T)}{\partial t} + \frac{\partial(\rho u T)}{\partial x} + \frac{\partial(\rho v T)}{\partial y} + \frac{\partial(\rho w T)}{\partial z}$$

$$= \frac{\partial}{\partial x}\left(\frac{k}{c_p} \times \frac{\partial T}{\partial x}\right) + \frac{\partial}{\partial y}\left(\frac{k}{c_p} \times \frac{\partial T}{\partial y}\right) + \frac{\partial}{\partial z}\left(\frac{k}{c_p} \times \frac{\partial T}{\partial z}\right) + S_T \tag{3-106}$$

3.4.2.2　计算条件的设置

只有在设置了边界条件以及初始条件的前提下控制方程才能得到确定解，只有将控制方程以及边界条件、初始条件结合在一起才算是对物理过程的一个比较合理的描述。对于瞬态问题，需要给出初始条件，而对于稳态问题则不需要，但是对于所有的问题都要有相应的边界条件。

（1）流体介质的选择

所选择的流体介质为不可压缩的牛顿流体，并且其流动状态为定常流动，选用 46 号液压油，其密度为 $860\mathrm{kg/m^3}$，动力黏度为 $0.013\mathrm{Pa \cdot s}$。

（2）流体的流动状态判别

流体主要有两种状态，即为层流和紊流。层流是指在流动时流体的层与层之间并不相互干扰的一种流动状态，而紊流则是层与层会有干扰的一种流动状态。如果要判断流体是哪种流动状态，只能计算流体的雷诺数，计算公式为

$$Re = \frac{\rho v d}{\mu} \tag{3-107}$$

式中　ρ——流体的密度，kg/m^3；

　　　v——流体的流动速度，m/s；

　　　d——过流截面的直径，m；

　　　μ——流体的动力黏度，$Pa \cdot s$。

当 $Re \leqslant 2000$ 时一定为层流，当 $Re \geqslant 4000$ 时一定为紊流，当 $2000 < Re < 4000$ 时流体处于层流和紊流之间的过渡区。代入马达的参数，在最大输入流量的条件下，通过计算可得，内马达流道的 $Re = 1275$，为层流；外马达流道的 $Re = 811.7$ 为层流。

（3）边界条件的设定

根据马达的工作情况，入口采用速度入口条件，其速度大小可以根据马达的转速以及马达排量和过油横截面积来确定，由于篇幅所限，只对外马达和内马达转速最大时的情况进行仿真分析，即外马达的转速为 863r/min，内马达的转速为 929.5r/min。出口条件设置为压力出口条件，压力值设置为 6MPa，其余的边界条件全部为默认设置，即静止无滑移的壁面条件。

3.4.3　仿真结果分析

分别对外马达转速为 863r/min 以及内马达转速为 929.5r/min 时的马达进油流道进行流场仿真分析，输出其压力云图、速度云图以及速度矢量图，并对结构不合理的地方进行优化，最终输出结构优化后的压力云图、速度云图以及速度矢量图。

3.4.3.1　压力云图分析

如图 3-30 所示为外马达进油流道压力云图，从图中可以看出，当外马达的转速为 863r/min 时，其进油流道中的最大压力为 6.000017MPa，并且沿着流道其压力逐渐降低。这是因为所选用的液压油具有一定的黏性，并且存在内摩擦力，当油液在流道中流动时，油液与管道壁相互摩擦产生热量从而造成了压力能的损失。在进油口与流道垂直接触的地方以及第一个出油口与流道垂直接触的地方出现了低压区域，这是因为流体质点之间存在着碰撞以及相互摩擦，在流道发生改变的区域其碰撞更为激烈。由于这两个区域是垂直接触，从而产生更多的热能，压力能的损失较大，因此外马达的进油流道设计并不合理，需要对这个区域进行优化处理。

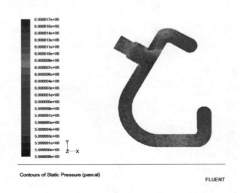

图 3-30　外马达进油流道压力云图

如图 3-31 所示为内马达进油流道压力云图，和外马达的进油流道一样，由于油液存在一定的黏性以及内摩擦力，所以会有一部分压力能转化为热能，从而会有沿程压力损失。在油道发生转折的地方由于流体中质点的相互碰撞加剧，从而压力损失较大，在内马达进油流道的出油口处，由于通流面积减小并且垂直接触，局部压降较大，能量损失较多。

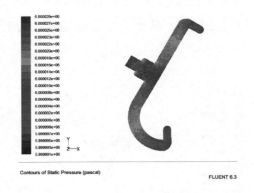

图 3-31　内马达进油流道压力云图

3.4.3.2　速度矢量图分析

如图 3-32 所示为外马达进油流道速度矢量图，从图中可以看到，流体在流道中的分布比较均匀，只是在进油口与三角形油道接触区域以及出油口与三角形油道接触区域处其速度矢量变化比较大，出现了速度矢量的突变，这是因为油液在这两处其方向以及通流面积都发生了改变，油液内部质子之间的相互碰撞加剧，造成了速度矢量的突变，从而产生局部压力损失。

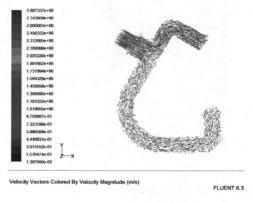

图 3-32　外马达进油流道速度矢量图

如图 3-33 所示为内马达进油流道速度矢量图，和外马达的进油流道一样，其速度矢量变化比较均匀，只是在矩形油道与三角形流道接触的地方其速度矢量变化比较大，出现了速度矢量的突变。这是因为油液流经此处时，其通流面积减小，并且油液的流动方向改变了90°，改变比较大，从而产生了速度矢量的突变。

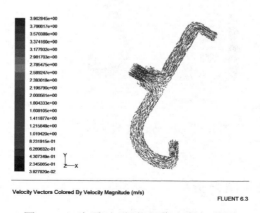

图 3-33　内马达进油流道速度矢量图

3.4.3.3　速度云图分析

　　如图 3-34 所示为外马达与内马达速度云图，与速度矢量图相似，外马达的流道在进油孔处压力逐渐降低，在与三角形油道接触的区域，由于通流面积与油液流动方向同时改变，造成了局部油液流速突变，一部分压力能转换为热能造成压力损失，流道的其余部分速度变化比较均匀。相对于外马达的流道，内马达的流道其速度变化更均匀一些，只是在矩形油道与三角形油道接触的地方由于油液的通流面积以及流动方向的改变造成了局部速度突变。

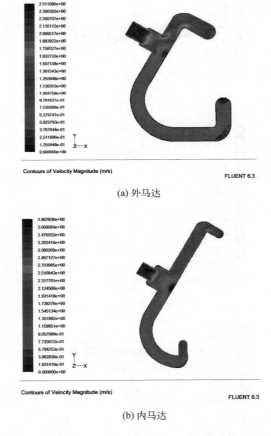

(a) 外马达

(b) 内马达

图 3-34　外马达与内马达速度云图

3.4.3.4　外马达流道优化后的结果分析

　　如图 3-35 所示为优化后的外马达流道仿真分析，将马达流道进油口和三角形流道接触区域进行圆滑处理，并加大对应流道区域的通流面积，将出油口处的矩形流道与三角形流道接触的区域进行圆滑处理。通过图 3-35 可知，流道内的压力突变、速度突变均减少了，流道内部的压力变化、速度矢量变化以及速度变化也趋于平缓，从而减少马达流道内部的压力损失。

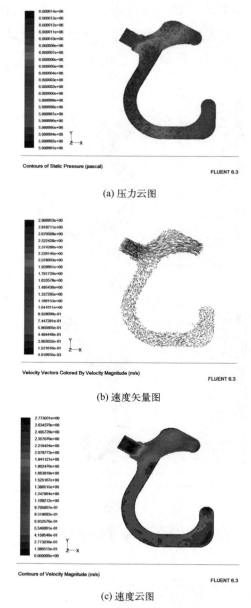

(a) 压力云图

(b) 速度矢量图

(c) 速度云图

图 3-35　优化后的外马达进油流道仿真分析

3.4.3.5 内马达流道优化后的结果分析

如图 3-36 所示为优化后的内马达流道仿真分析，将内马达流道进油口和三角形流道接触区域以及出油口处的矩形流道与三角形流道接触的区域进行圆滑处理，减少了流道内压力、速度矢量以及速度的突变，从而减小了压力能的损失。

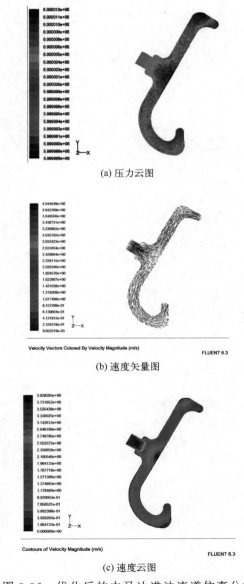

(a) 压力云图

(b) 速度矢量图

(c) 速度云图

图 3-36　优化后的内马达进油流道仿真分析

第 **4** 章　多输出内啮合齿轮泵

内啮合齿轮泵作为一种典型的液压泵，具有排量大、结构紧凑、功率体积比大、流量脉动小、噪声低等优势，但其齿轮受到的径向力大，无法同时输出多级流量，限制了其应用与发展。针对上述问题，提出一种直齿圆柱渐开线多输出内啮合齿轮泵，在保留了传统内啮合齿轮泵优点的基础上，减小了主动齿轮径向力，能够同时输出两种不同大小的流量，根据工况不同改变工作方式以减小系统溢流损失。

4.1

多输出内啮合齿轮泵的原理与结构设计

4.1.1　多输出内啮合齿轮泵的结构特点

如图 4-1 所示为多输出内啮合齿轮泵结构原理。

多输出内啮合齿轮泵的结构特点主要有以下几个方面。

① 在一个泵体内形成两个独立工作的泵，分别是由小齿轮轴 4、共齿轮 3、内泵前浮动侧板 16、后浮动侧板 19、内泵浮动月牙填隙片（由内泵大月牙板 5、内泵小月牙板 6、内泵月牙板密封辊 7、内泵月牙板转动销 8、内泵月牙板止动销组 9 成的装配体）组成的内泵；由大齿圈 2、共齿轮 3、外泵前浮动侧板 17、后浮动侧板 19、外泵浮动月牙填隙片（具体结构参考内泵月牙填隙片）组成的外泵。控制内外泵进出油口的连接方式，可以实现内泵单独工作、外泵单独工作和内外泵同时工作三种不同的工作方式，输出三种不同大小的流量。

② 与传统的内啮合齿轮泵以小齿轮轴作为主动轴不同，该泵由共齿轮与主动轴通过螺钉相连形成主传动齿轮轴，可以同时带动小齿轮和大齿圈转动，实现了内泵、外泵的单独输出或两者同时输出。主动轴与小齿轮轴分别悬臂布置，这样保证了两者在转动过程中互不干扰，便于内啮合齿轮泵原理的实现，并易于装配，结构紧凑。

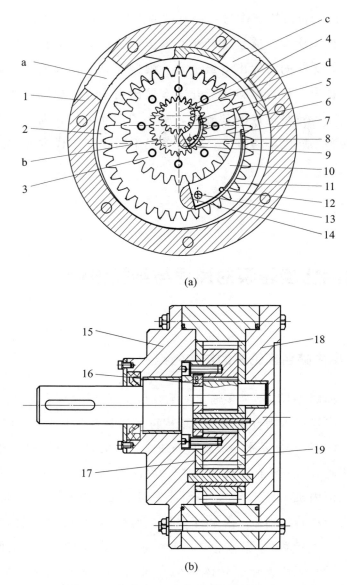

(a)

(b)

图 4-1　多输出内啮合齿轮泵结构原理

1—泵体；2—大齿圈；3—共齿轮；4—小齿轮轴；5—内泵大月牙板；6—内泵小月牙板；

7—内泵月牙板密封辊；8—内泵月牙板转动销；9—内泵月牙板止动销；10—外泵大月牙板；

11—外泵小月牙板；12—外泵月牙板密封辊；13—外泵月牙板转动销；14—外泵月牙板止动销；

15—前泵盖；16—内泵前浮动侧板；17—外泵前浮动侧板；18—后泵盖；19—后浮动侧板；

a—外泵进油口；b—内泵进油口；c—外泵出油口；d—内泵出油口

③ 内泵和外泵均设置了轴向补偿和径向补偿装置，即内外泵轴向浮动侧板和浮动月牙填隙片。通过间隙补偿，可以有效地减少泵

的泄漏，提高容积效率及寿命，有利于实现泵的高压化。

④ 为保证内外泵可以分别单独输出油液，外泵采取径向配流方式，即通过在大齿圈内齿齿槽开设通油孔进行配流；内泵采取端面配流方式，即在后浮动侧板与后泵盖端面的相应位置开设吸压油孔，保证内泵配流的正常进行。

⑤ 根据内外泵同时工作时压力油对共齿轮产生径向作用力的特点，将小齿轮与共齿轮的啮合位置和共齿轮与大齿圈的啮合位置置于水平中心线同侧，使得内外泵压油区均位于水平中心线同侧，这种布置方式可以使共齿轮受到的径向力部分抵消，减小主动轴轴承磨损，提高泵的容积效率与寿命。

4.1.2　多输出内啮合齿轮泵的工作原理

与传统的内啮合齿轮泵相比，多输出内啮合齿轮泵在一个泵体中形成了两个排量大小不等的内啮合齿轮泵，由于结构的限制，内泵相较于外泵排量较小。通过控制内外泵进出油口的连接方式，可以控制其分别单独输出压力油，也可以同时输出；可以控制两个不同的液压系统，也可以根据工况进行输出流量大小的调节，还可以应用在不等径液压缸的同步回路中或是液压缸运动速度等比例的液压回路中。根据该泵的结构特点，下面分析其能够实现多级定流量输出的工作原理。

如图 4-1(a) 所示，电机通过主传动轴带动共齿轮 3 做逆时针旋转，带动与其内齿相啮合的小齿轮轴 4 和与其外齿相啮合的大齿圈 2 同做逆时针方向的转动。由于相啮合的一对轮齿在脱离后齿间容积增大，形成负压，油液分别通过外泵吸油口 a 和内泵吸油口 b 进入低压腔；由于轮齿进入啮合时齿间容积减小，油液在高压腔内通过外泵压油口 c 和内泵压油口 d 挤出至系统，由此在一个泵体 1 中形成了内泵和外泵，这两个泵相互独立工作，互不干扰。基于这个特点，可以通过内外泵进出油口的供油连接方式，使内泵卸荷，外泵单独工作；外泵卸荷，内泵单独工作；内外泵同时工作，得到三种不同大小的输出流量供系统使用。

4.1.3　多输出内啮合齿轮泵的特点

多输出内啮合齿轮泵是基于"双定子原理"进行设计的，所以其具备双定子液压元件的特点，与传统的内啮合齿轮泵相比具有一系列的优缺点，如下所示。

① 多输出内啮合齿轮泵最大的特点是实现了内啮合齿轮泵的多级定流量输出，具有内外泵分别单独工作和内外泵同时工作三种不同的工作方式，以适应不同的工况需求，减小溢流损失；或可同时提供两种压力不同的油液，驱动两个工作压力不同的液压系统，省掉减压阀这个耗能元件，减小系统的功率损失和发热，提高系统的工作效率。与同体积传统的内啮合齿轮泵相比，多出了一个内泵，扩大了泵的输出流量，提高了泵的比功率。

② 多输出内啮合齿轮泵的共齿轮作为一个核心部件，与主动轴相连，承担着同时驱动大齿圈及小齿轮的作用，其受到的径向力要比其余齿轮复杂。当内外泵单独工作时，其受力与传统内啮合齿轮泵受力情况无异，但在内外泵同时工作的情况下，共齿轮将受到内外泵对其径向力的合力，通过合理布置这三个齿轮的位置，可以使共齿轮受到的内外泵径向力方向相反，并作用于同一条直线上，即抵消掉其中较小的径向力，这样大大降低了共齿轮的径向受力，减小了主动轴轴承的磨损，提高了泵的寿命与容积效率。

③ 多输出内啮合齿轮泵输出的流量脉动具备了传统内啮合齿轮泵小而均匀的特点。在此基础上，当内外泵同时工作时，通过调整共齿轮内外齿交错角的大小，可以将两者输出的流量脉动叠加至最小，使输出的流量更加均匀平稳，对于一些流量品质要求较高的场合具有很大的优势。

④ 共齿轮轴与小齿轮轴分别悬臂布置，这样既可以互不干扰，又可以使泵结构紧凑。缺点是悬臂结构在受到齿轮径向力的情况下受力情况恶劣，轴弯曲变形大，对轴承的磨损较大，降低了泵的使用寿命，故对轴承的强度及润滑要求较高。

⑤ 由于共齿轮兼具内外轮齿，第一要保证留出与主动轴相连接的螺栓孔位置，第二内外泵流量脉动叠加的均匀性对内外齿齿数有限制，

所以内外齿的参数会受到结构尺寸的限制，无疑对泵的排量或体积产生影响。在泵轴向距离不变的情况下，内泵排量的提高需要增大模数或齿数，无疑增大了齿轮泵径向尺寸，故需要合理设计解决此矛盾。

⑥ 由于加工工艺的限制，共齿轮与主动轴需用螺钉连接，长时间的工作难免会出现螺钉松脱的现象，其可靠性低于齿轮轴一体的结构，所以需采用高强度的螺钉，并进行可靠的紧固，防止因其松脱造成事故。

4.1.4　多输出内啮合齿轮泵三维建模

为了更加清晰直观地了解多输出内啮合齿轮泵的具体构造，为后边的样机加工以及力学与流场仿真提供模型，利用三维软件对泵的关键零件以及装配体进行三维建模，如图 4-2 所示。

(a) 共齿轮　　　　　　　　(b) 大齿圈　　　　　　　　(c) 小齿轮轴

(d) 泵体　　　　　　　　(e) 后端盖　　　　　　　　(f) 前端盖

(g) 月牙板装配体　　　　(h) 主动轴　　　　　　　　(i) 后浮动侧板

图 4-2

(j) 泵装配体

图 4-2　多输出内啮合齿轮泵主要零件与装配体三维建模

4.2
多输出内啮合齿轮泵关键零部件受力与仿真

多输出内啮合齿轮泵在原有内啮合齿轮泵的基础上做了结构创新，其齿轮所受径向力必然与后者有所不同，而齿轮径向力是影响泵工作性能及使用寿命的主要因素，是泵设计与优化的重要内容。

4.2.1　多输出内啮合齿轮泵的齿轮径向力分析

4.2.1.1　内泵单独工作

多输出内啮合齿轮泵内泵单独工作时，通过共齿轮与小齿轮啮合转动，为系统提供压力油，外泵卸荷。此时，共齿轮与小齿轮受到的径向力包括圆周液压力 F_p 和齿轮啮合力 F_t。

（1）沿齿轮圆周液压力所产生的径向力分析

作用在齿轮外圆上的压力是不相等的，齿顶与泵体表面的间隙使得作用在齿轮外圆上的压力从压油腔到吸油腔逐步减小。为了便于分析，通常假定这种压力下降趋势呈直线规律分布。此外，在齿轮转动过程中，啮合点在不断变化，齿轮受到的圆周液压力所产生的径向力也在不断变化，为计算方便，做出以下近似假设：

① 每个齿轮所受的液压力分别作用在相应齿轮的齿顶圆上；

② 两个相互啮合的齿轮中心线与泵进油口的边线的夹角 φ' 是常数；

③ 从啮合齿轮的中心线开始，从泵排出的低压油一侧沿着齿轮的旋转方向至排油口边线的夹角 φ'' 为常数；

④ 以排油口边线为起点，沿着齿轮旋转方向至节点间的夹角 $2\pi - \varphi''$ 为常数；

⑤ 齿轮轴在径向力的作用下不会产生变形，并且其径向间隙在圆周方向上大小是均匀的；

⑥ 在 $\varphi' \leqslant \varphi \leqslant \varphi''$ 之间，压力从吸油压力 p_0 按直线规律变化到工作压力 p_g；

⑦ 在计算主动齿轮和从动齿轮受到的径向力时，分别在坐标系 $x_1 o_1 y_1$ 和坐标系 $x_2 o_2 y_2$ 中进行计算。

如图 4-3（a）所示，共齿轮作为主动轮以角速度 ω 沿逆时针方向转动，小齿轮做同向旋转，在计算共齿轮受到的径向力时，$\varphi'_{\text{共}1}$ 表示内泵吸油角，$2\pi - \varphi''_{\text{共}1}$ 表示内泵压油角，油液压力沿着共齿轮内齿圆周方向法向作用于内齿齿顶圆。将圆周液压力分布曲线展开，如图 4-3（b）所示，在吸油区吸油压力为 p_0，当油液进入过渡区时，油液压力按直线规律逐步升高，直至油液进入压油区，油液压力达到泵的工作压力 p_g。设共齿轮内齿齿顶圆为 $R_{\text{a共}1}$，齿宽为 B，当共齿轮朝逆时针方向旋转了微小角度 $\mathrm{d}\varphi$ 时，那么其微面积为 $\mathrm{d}A = BR_{\text{a共}1}\mathrm{d}\varphi$，可得作用在 $\mathrm{d}A$ 上的液压力为

$$\mathrm{d}F_p = p\,\mathrm{d}A = pBR_{\text{a共}1}\mathrm{d}\varphi \tag{4-1}$$

将 $\mathrm{d}F_p$ 分别沿 x_1、y_1 轴分解，得

$$\begin{cases} \mathrm{d}F_{px} = p\,\mathrm{d}A = pBR_{\text{a共}1}\cos\varphi\,\mathrm{d}\varphi \\ \mathrm{d}F_{py} = p\,\mathrm{d}A = pBR_{\text{a共}1}\sin\varphi\,\mathrm{d}\varphi \end{cases} \tag{4-2}$$

当 $0 \leqslant \varphi \leqslant \varphi'_{\text{共}1}$ 时，$p = p_0 = $ 常数。 $\tag{4-3}$

当 $\varphi'_{\text{共}1} \leqslant \varphi \leqslant \varphi''_{\text{共}1}$ 时，$p = p_0 + \dfrac{p_g - p_0}{\varphi''_{\text{共}1} - \varphi'_{\text{共}1}}(\varphi - \varphi'_{\text{共}1})$。 $\tag{4-4}$

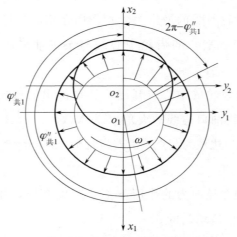

(a) 共齿轮圆周液压力载荷近似分布

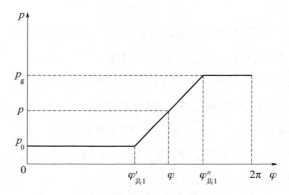

(b) 共齿轮圆周液压力分布曲线展开示意

图 4-3 内泵单独工作时共齿轮受圆周液压力载荷分布与展开示意

当 $\varphi''_{\text{共}1} \leqslant \varphi \leqslant 2\pi$ 时，$p = p_{\text{g}} = $ 常数。 (4-5)

将式(4-3)～式(4-5) 分别代入式(4-1) 和式(4-2)，然后在各自区域内积分，即得在 x_1、y_1 轴上的分力：

$$
\begin{cases}
F_{\text{p}x\text{共}1} = BR_{\text{a}\text{共}1}\Delta p \; \dfrac{\cos\varphi''_{\text{共}1} - \cos\varphi'_{\text{共}1}}{\varphi''_{\text{共}1} - \varphi'_{\text{共}1}} \\[2mm]
F_{\text{p}y\text{共}1} = -BR_{\text{a}\text{共}1}\Delta p \left(1 - \dfrac{\sin\varphi''_{\text{共}1} - \sin\varphi'_{\text{共}1}}{\varphi''_{\text{共}1} - \varphi'_{\text{共}1}}\right)
\end{cases}
\tag{4-6}
$$

式中　B——共齿轮尺宽，m；

$R_{\text{a}\text{共}1}$——共齿轮内齿齿顶圆半径，m；

Δp——高低压腔压差，$\Delta p = p_\mathrm{g} - p_0$，Pa。

共齿轮受到的圆周液压力为

$$F_{\mathrm{p}\text{共}1} = \sqrt{F_{\mathrm{p}x\text{共}1}^2 + F_{\mathrm{p}y\text{共}1}^2} \quad (\mathrm{N}) \tag{4-7}$$

以上分析了内泵单独工作时共齿轮受到的圆周液压力并给出了相应的计算公式，对于小齿轮（从动轮），在直角坐标系 $x_2 o_2 y_2$ 中可以按照同样的方法分析计算，这里不再重复，仅给出小齿轮径向力大小计算公式。

$$\begin{cases} F_{\mathrm{p}x\text{小}} = BR_{\mathrm{a}\text{小}} \, \Delta p \, \dfrac{\cos\varphi_\text{小}'' - \cos\varphi_\text{小}'}{\varphi_\text{小}'' - \varphi_\text{小}'} \\[3mm] F_{\mathrm{p}y\text{小}} = -BR_{\mathrm{a}\text{小}} \, \Delta p \left(1 - \dfrac{\sin\varphi_\text{小}'' - \sin\varphi_\text{小}'}{\varphi_\text{小}'' - \varphi_\text{小}'}\right) \end{cases} \tag{4-8}$$

式中　$R_{\mathrm{a}\text{小}}$——小齿轮齿顶圆半径，m。

小齿轮受到的圆周液压力为

$$F_{\mathrm{p}\text{小}} = \sqrt{F_{\mathrm{p}x\text{小}}^2 + F_{\mathrm{p}y\text{小}}^2} \quad (\mathrm{N}) \tag{4-9}$$

（2）由齿轮啮合产生的径向力

齿轮泵工作时，排油区的高压油作用在齿轮上形成液压扭矩。作用在共齿轮上的液压扭矩为

$$M_{\text{共}1} = \frac{1}{2} B \Delta p (R_{\mathrm{c}\text{共}1}^2 - R_{\mathrm{a}\text{共}1}^2) \quad (\mathrm{N \cdot m}) \tag{4-10}$$

式中　$R_{\mathrm{c}\text{共}1}$——啮合点至共齿轮中心 o_1 的距离，m。

同理，作用在小齿轮上的液压扭矩为

$$M_\text{小} = \frac{1}{2} B \Delta p (R_{\mathrm{a}\text{小}}^2 - R_{\mathrm{c}\text{小}}^2) \quad (\mathrm{N \cdot m}) \tag{4-11}$$

式中　$R_{\mathrm{c}\text{小}}$——啮合点至小齿轮中心 o_2 的距离，m。

液压力直接作用在共齿轮内齿面上形成扭矩 $M_{\text{共}1}$（随齿轮啮合转动，共齿轮上由 $M_{\text{共}1}$ 引起的径向力已包括在液压力作用的径向力 $F_{\mathrm{p}\text{共}1}$ 中）；而液压力作用在小齿轮齿面上形成 $M_\text{小}$，小齿轮又通过啮

合点将此扭矩传递给共齿轮。

由机械原理可知，两个大小相等、方向相反的啮合力的作用方向是与啮合线重合的。与普通内啮合齿轮泵的不同之处在于内泵是由共齿轮内齿部分作为主动轮输入扭矩驱动小齿轮转动，设啮合力与共齿轮、小齿轮中心 o_1、o_2 的垂直距离分别为 $R_{j共1}$、$R_{j小}$，根据以上分析，由齿轮啮合产生的径向力为

$$F_{T共1} = F_{T小} = \frac{M_小}{R_{j小}} = \frac{1}{2R_{j小}} B \Delta p (R_{a小}^2 - R_{c小}^2) \quad (N) \qquad (4\text{-}12)$$

由于啮合点位置不断变化，所以 $R_{c小}$ 随之变化，因此 $M_小$ 也是不断变化的，计算起来十分繁杂。为简便计算，一般近似取 $R_{c小} = R_小$（$R_小$ 为小齿轮节圆半径），所以式（4-12）可改写为

$$F_{T共1} = F_{T小} = \frac{1}{2R_{j小}} B \Delta p (R_{a小}^2 - R_小^2) \quad (N) \qquad (4\text{-}13)$$

根据齿轮啮合原理，共齿轮所受啮合力方向与其转动方向相反，又由于两齿轮的啮合力大小相等，方向相反，可以判断出小齿轮所受啮合力方向与其转向相同，且均作用在啮合线上。

将共齿轮和小齿轮由啮合产生的径向力分别在直角坐标系 $x_1 o_1 y_1$ 及 $x_2 o_2 y_2$ 中分解至 x 轴和 y 轴，得

$$\begin{cases} F_{Tx共1} = F_{Tx小} = \dfrac{M_小}{R_{j小}} = \dfrac{1}{2R_{j小}} B \Delta p (R_{a小}^2 - R_小^2) \sin\alpha \\[3mm] F_{Ty共1} = -F_{Ty小} = -\dfrac{M_小}{R_{j小}} = -\dfrac{1}{2R_{j小}} B \Delta p (R_{a小}^2 - R_小^2) \cos\alpha \end{cases} \qquad (4\text{-}14)$$

式中　α——齿轮啮合角，rad。

（3）径向力的合成

根据前两小节的分析得出了共齿轮与小齿轮受到的圆周液压力和齿轮啮合力的大小及方向，这样便可通过力的合成得到径向力，如图 4-4 所示。

从图 4-4 中可以看出，共齿轮和小齿轮受到的圆周液压力和齿轮啮合力夹角均为锐角，合成后均使总的径向力有不同程度的增大，

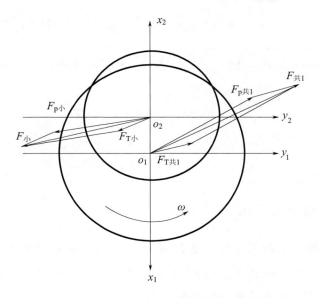

图 4-4　内泵单独工作时齿轮受到径向力示意

可以按照余弦定理将 $F_{p共1}$、$F_{T共1}$ 合成为共齿轮径向力 $F_{共1}$；将 $F_{p小}$、$F_{T小}$ 合成为小齿轮径向力 $F_{小}$，计算公式如下。

$$F_{共1} = \sqrt{F_{p共1}^2 + F_{T共1}^2 + 2F_{p共1}F_{T共1}\cos\alpha_{共1}} \quad (N) \qquad (4\text{-}15)$$

$$F_{小} = \sqrt{F_{p小}^2 + F_{T小}^2 + 2F_{p小}F_{T小}\cos\alpha_{小}} \quad (N) \qquad (4\text{-}16)$$

式中　$\alpha_{共1}$——共齿轮圆周液压力和啮合力之间的夹角，rad；

$\quad\quad \alpha_{小}$——小齿轮圆周液压力和啮合力之间的夹角，rad。

根据图 4-4 以及式(4-6) 和式(4-14)，可得共齿轮圆周液压力和齿轮啮合力与 y_1 轴正方向夹角分别为

$$\alpha_{p共1} = \arctan\frac{F_{px共1}}{F_{py共1}} \qquad (4\text{-}17)$$

$$\alpha_{T共1} = \arctan\frac{F_{Tx共1}}{F_{Ty共1}} \qquad (4\text{-}18)$$

则可得 $\alpha_{共1}$ 为

$$\alpha_{共1} = \alpha_{p共1} - \alpha_{T共1} \qquad (4\text{-}19)$$

同理可求出小齿轮周液压力和啮合力之间的夹角 $\alpha_{小}$。

$$\alpha_{小} = \alpha_{T小} - \alpha_{p小} = \arctan\frac{F_{Tx小}}{F_{Ty小}} - \arctan\frac{F_{px小}}{F_{py小}} \tag{4-20}$$

径向力 $F_{共1}$ 和 $F_{小}$ 与 y_1 及 y_2 轴夹角分别为

$$\begin{cases} \beta_{共1} = \arctan\dfrac{F_{px共1} + F_{Tx共1}}{F_{py共1} + F_{Ty共1}} \\[3mm] \beta_{小} = \arctan\dfrac{F_{px小} + F_{Tx小}}{F_{py小} + F_{Ty小}} \end{cases} \tag{4-21}$$

4.2.1.2　外泵单独工作

外泵单独工作时，通过共齿轮与大齿圈啮合转动，为系统提供压力油，内泵卸荷。按照前节的分析方法，通过分析圆周液压力和齿轮啮合力来计算其产生的径向力。

（1）沿齿轮圆周液压力所产生的径向力分析

如图 4-5（a）所示，共齿轮以角速度 ω 沿逆时针方向转动，大齿圈做同向旋转，在计算共齿轮受径向力时，$\varphi'_{共2}$ 表示外泵吸油角，$2\pi - \varphi''_{共2}$ 表示外泵压油角，油液压力沿着共齿轮外齿圆周方向作用于共齿轮外侧。将圆周液压力分布曲线展开，如图 4-5（b）所示，设吸油区吸油压力为 p_0，当油液进入过渡区时，油液压力按直线规律逐步升高，直至油液进入压油区，油液压力达到泵的工作压力 p_g。

与内泵分析方法相同，可得外泵力

$$\begin{cases} F_{px共2} = BR_{a共2}\Delta p\,\dfrac{\cos\varphi''_{共2} - \cos\varphi'_{共2}}{\varphi''_{共1} - \varphi'_{共1}} \\[4mm] F_{py共2} = -BR_{a共2}\Delta p\left(1 - \dfrac{\sin\varphi''_{共2} - \sin\varphi'_{共2}}{\varphi''_{共2} - \varphi'_{共2}}\right) \end{cases} \tag{4-22}$$

式中　B——共齿轮尺宽，m；

$R_{a共2}$——共齿轮内齿齿顶圆半径，m；

共齿轮圆周液压力为

$$F_{p共2} = \sqrt{F_{px共2}^2 + F_{py共2}^2} \quad (\text{N}) \tag{4-23}$$

大齿圈径向力大小为

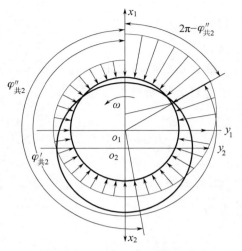

(a) 共齿轮圆周液压力载荷近似分布

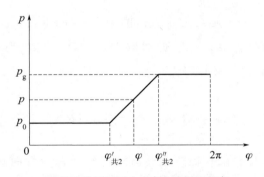

(b) 共齿轮圆周压力分布曲线展开示意

图 4-5　外泵单独工作时共齿轮受圆周液压力载荷分布与展开示意

$$\begin{cases} F_{px大} = BR_{a大} \, \Delta p \, \dfrac{\cos\varphi''_大 - \cos\varphi'_大}{\varphi''_大 - \varphi'_大} \\[3mm] F_{py大} = -BR_{a大} \, \Delta p \left(1 - \dfrac{\sin\varphi''_大 - \sin\varphi'_大}{\varphi''_大 - \varphi'_大}\right) \end{cases} \tag{4-24}$$

式中　$R_{a大}$——小齿轮齿顶圆半径，m；

大齿圈圆周液压力为

$$F_{p大} = \sqrt{F_{px大}^2 + F_{py大}^2} \quad (\text{N}) \tag{4-25}$$

（2）由齿轮啮合产生的径向力

液压力作用在共齿轮外齿上产生的扭矩为

$$M_{共2} = \frac{1}{2} B \Delta p (R_{c共2}^2 - R_{a共2}^2) \quad (\text{N} \cdot \text{m}) \qquad (4\text{-}26)$$

式中　$R_{c共2}$——啮合点至共齿轮中心 o_1 的距离，m。

同理，液压力对大齿圈产生的扭矩为

$$M_{大} = \frac{1}{2} B \Delta p (R_{a大}^2 - R_{c大}^2) \quad (\text{N} \cdot \text{m}) \qquad (4\text{-}27)$$

式中　$R_{c小}$——啮合点至小齿轮中心 o_2 的距离，m。

齿轮啮合力为

$$F_{T共2} = F_{T大} = \frac{M_{大}}{R_{j大}} = \frac{1}{2R_{j大}} B \Delta p (R_{a大}^2 - R_{c大}^2) \quad (\text{N}) \qquad (4\text{-}28)$$

式中　$R_{j大}$——啮合力至大齿圈中心 o_2 的垂直距离，m。

为简便计算，一般近似取 $R_{c大} = R_{大}$（$R_{大}$ 为小齿轮节圆半径），所以式(4-28)可改写为

$$F_{T共2} = F_{T大} = \frac{1}{2R_{j大}} B \Delta p (R_{a大}^2 - R_{大}^2) \quad (\text{N}) \qquad (4\text{-}29)$$

根据齿轮啮合原理，共齿轮所受啮合力方向与其转动方向相反，又由于两齿轮的啮合力大小相等，方向相反，可以判断出大齿圈所受啮合力方向与其转向相同，且均作用在啮合线上。

将共齿轮和大齿圈由啮合产生的径向力分别在直角坐标系 $x_1 o_1 y_1$ 及 $x_2 o_2 y_2$ 中分解至 x 轴和 y 轴，得

$$\begin{cases} F_{Tx共2} = F_{Tx大} = \dfrac{M_{大}}{R_{j大}} = \dfrac{1}{2R_{j大}} B \Delta p (R_{a大}^2 - R_{大}^2) \sin\alpha \\[3mm] F_{Ty共2} = -F_{Ty大} = -\dfrac{M_{大}}{R_{j大}} = -\dfrac{1}{2R_{j大}} B \Delta p (R_{a大}^2 - R_{大}^2) \cos\alpha \end{cases} \qquad (4\text{-}30)$$

式中　α——齿轮啮合角，rad。

（3）径向力的合成

根据以上分析得出共齿轮与大齿圈受到的圆周液压力和齿轮啮合力的大小与方向，以及合成的径向力示意，如图 4-6 所示。

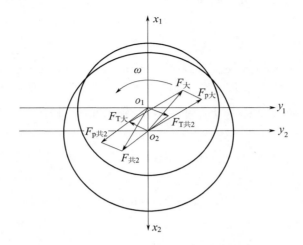

图 4-6　外泵单独工作时齿轮所受径向力示意

从图 4-6 中可以看出，共齿轮和大齿圈的圆周液压力及齿轮啮合力夹角均为钝角，合成后均使总的径向力有不同程度的减小，按照余弦定理将 $F_{p共2}$、$F_{T共2}$ 合成为共齿轮径向力 $F_{共2}$；将 $F_{p大}$、$F_{T大}$ 合成为大齿圈径向力 $F_{大}$，计算公式如下。

$$F_{共2}=\sqrt{F_{p共2}^2+F_{T共2}^2-2F_{p共2}F_{T共2}\cos\alpha_{共2}}\quad(\text{N})\qquad(4\text{-}31)$$

$$F_{大}=\sqrt{F_{p大}^2+F_{T大}^2-2F_{p大}F_{T大}\cos\alpha_{大}}\quad(\text{N})\qquad(4\text{-}32)$$

式中　$\alpha_{共2}$——共齿轮圆周液压力和啮合力之间的夹角，rad；

　　　$\alpha_{大}$——大齿圈圆周液压力和啮合力之间的夹角，rad。

根据图 4-6 以及式(4-22) 和式(4-30)，可得共齿轮圆周液压力和齿轮啮合力与 y_1 轴夹角分别为

$$\alpha_{p共2}=\arctan\frac{F_{px共2}}{F_{py共2}}\qquad(4\text{-}33)$$

$$\alpha_{T共2}=\arctan\frac{F_{Tx共2}}{F_{Ty共2}}\qquad(4\text{-}34)$$

则可得 $\alpha_{共2}$ 为

$$\alpha_{共2}=180°-\alpha_{p共2}-\alpha_{T共2}\qquad(4\text{-}35)$$

同理可求出小齿轮周液压力和啮合力产生的径向力之间的夹角 $\alpha_{小}$。

$$\alpha_{小} = 180° - \alpha_{T大} - \alpha_{p大} = 180° - \arctan\frac{F_{Tx大}}{F_{Ty大}} - \arctan\frac{F_{px大}}{F_{py大}} \tag{4-36}$$

径向力 $F_{共1}$ 和 $F_{小}$ 与 y_1、y_2 轴夹角分别为

$$\beta_{共2} = \arctan\frac{F_{px共2} + F_{Tx共2}}{F_{py共2} + F_{Ty共2}} \tag{4-37}$$

$$\beta_{大} = \arctan\frac{F_{px大} + F_{Tx大}}{F_{py大} + F_{Ty大}} \tag{4-38}$$

4.2.1.3　内外泵同时工作

内外泵同时工作时，共齿轮带动大小齿轮转动，产生的压力油全部输出到系统当中，由于内外泵相互独立工作，内泵小齿轮和外泵大齿圈受到的径向力分别与内外泵各自单独工作时受力情况一样，这里不再分析。不同之处在于，共齿轮作为主动轮，其内外齿同时受到液压圆周力和齿轮啮合力的作用，其受力情况必然发生改变，应当是内外泵对其产生的径向力的合成，但是由于这三个齿轮相对位置不确定，其径向力合成后的大小和方向也都不同，所以需要通过讨论这三个齿轮的位置排布方式来求解在内外泵同时工作时共齿轮受到的最小径向力。

由于这三个齿轮相对位置有无限多个，下面先假设共齿轮、小齿轮与大齿圈的中心线两两重合，即这三个齿轮的圆心共线，那么便可以从如下两个位置进行分析。

（1）月牙填隙片异侧排布

如图 4-7(a) 所示，月牙填隙片分布在三个齿轮中心线两侧，将此种情况称为月牙填隙片异侧排布，当共齿轮带动另外两个齿轮做逆时针旋转时，此时内泵和外泵的高压油腔也分布在中心线两侧，p_g 表示高压油输出方向。

根据前两小节的分析，此时共齿轮受到的 $F_{共1}$ 和 $F_{共2}$ 均指向中心线的同一侧，其与共齿轮水平中心线的夹角 $\beta_{共1}$、$\beta_{共2}$ 均小于 $90°$，

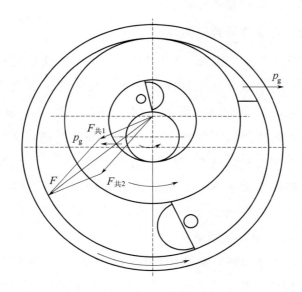

(a) 月牙填隙片异侧排布

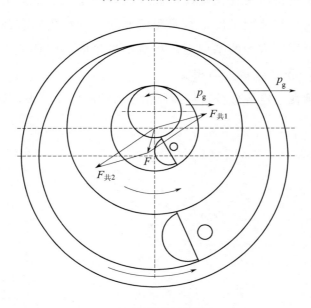

(b) 月牙填隙片同侧排布

图 4-7 月牙填隙片排布方式及径向力合成示意

则两者之间的夹角为锐角。根据余弦定理，合成后的总径向力 F 会增大，夹角越小，F 会越大，轴承承受的偏载增大，磨损加剧，齿轮轴变形加大，出现齿顶刮壳现象，严重影响了泵的使用寿命与容积效率，故此种排布方式不合理。

（2）月牙填隙片同侧排布

如图 4-7（b）所示，月牙填隙片分布在三个齿轮中心线同侧，将此种情况称为月牙填隙片同侧排布，当共齿轮带动另外两个齿轮做逆时针旋转时，此时内泵和外泵的高压油腔也分布在中心线同侧。此时共齿轮受到的 $F_{共1}$ 和 $F_{共2}$ 指向中心线两侧，由于这两个力与共齿轮水平中心线的夹角 $\beta_{共1}$、$\beta_{共2}$ 均小于 $90°$，则两者之间的夹角为钝角。根据余弦定理，合成后的总的径向力 F 会减小，夹角越大，F 会越小，当夹角为 $180°$ 时，即两者方向相反，总径向力将是 $F_{共1}$ 和 $F_{共2}$ 的差值，达到最小。

根据上述分析，从结构设计的角度出发，如果要使 $F_{共1}$ 和 $F_{共2}$ 的方向相反，需要调整内泵或外泵的高压油区域的位置，而通过调整三个齿轮的装配位置，可以方便地调整高压油区域位置。考虑到结构设计与装配难度，本课题研究的多输出内啮合齿轮泵，在月牙填隙片同侧排布的基础上，将对小齿轮的装配位置进行调整，以使得 $F_{共1}$ 和 $F_{共2}$ 的方向相反。

为便于定量分析，将共齿轮受力情况独立出来，如图 4-8 所示。

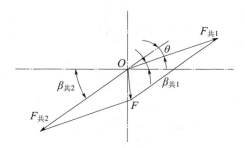

图 4-8　共齿轮径向力合成示意

设 $F_{共1}$ 和 $F_{共2}$ 的夹角为 θ，则有

$$\theta = \beta_{共2} - \beta_{共1} = \arctan\frac{F_{px共2} + F_{Tx共2}}{F_{py共2} + F_{Ty共2}} - \arctan\frac{F_{px共1} + F_{Tx共1}}{F_{py共1} + F_{Ty共1}} \quad (4\text{-}39)$$

当 $F_{共1}$ 转过 θ 角时，可以使 $F_{共1}$ 和 $F_{共2}$ 反向，反映在结构上

时，小齿轮的竖直中心线以共齿轮中心点为圆心，以两者中心距为半径，向逆时针方向旋转 θ 角，内泵月牙填隙片位置做相应的调整，保证内泵吸压油角不变，结果如图 4-9 所示。

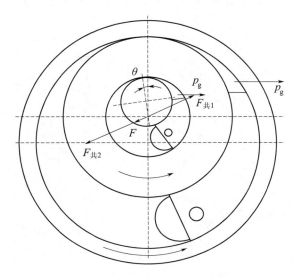

图 4-9 共齿轮最小径向力示意

这种齿轮排布方式会极大地改善共齿轮的受力情况。当内外泵同时输出流量时，泵的排量最大，而此时共齿轮受到的径向力必然小于内泵或者外泵单独工作时受到的径向力（结构一定时，内外泵分别单独工作时对共齿轮施加的径向力大小由其工作压力确定），与现有相同额定排量与额定工作压力的内啮合齿轮泵相比，多输出内啮合齿轮泵将排量一分为二后可以使共齿轮所受径向力最大限度地部分抵消，减轻了轴承的磨损，延长了泵的使用寿命，减小了主动轴的弯曲变形，提高了泵的容积效率。

4.2.2 径向间隙自动补偿控制

4.2.2.1 浮动月牙填隙片径向补偿原理

月牙填隙片是将内啮合齿轮泵高低压油区隔开的重要零件，结构的差异对泵的寿命和容积效率有着很大的影响。多输出内啮合齿轮泵径向自补偿结构采用浮动式月牙填隙片，以内泵月牙填隙片为例，介绍其工作原理。

如图 4-10 所示，内泵浮动月牙填隙片由大月牙块、小月牙块、密封辊、转动销、止动销组成，该结构具有两个主要作用：

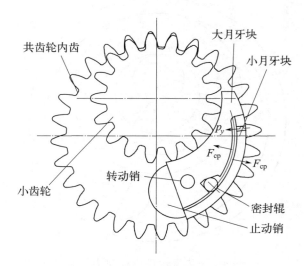

图 4-10 内泵浮动月牙填隙片结构示意

① 分隔内泵高低压油腔；

② 自动补偿月牙块圆弧面与小齿轮和共齿轮内径的齿向间隙。

该月牙填隙片的主要特点为：

① 大月牙块内圆弧面与小齿轮轮齿齿顶紧密贴合，小月牙块外圆弧面与共齿轮内齿齿顶紧密贴合，实现径向密封；

② 小月牙块在靠近高压区一端开有通槽，引入压力油液，通过液压力朝相反方向推动两个月牙块，保证其始终紧贴在各自对应的齿顶上；

③ 在月牙块靠近低压区一侧装有密封辊，保证高低压油腔之间的密封。

当内泵工作时，由小月牙块上的通油槽将过渡区内某一点的压力油液引入大小月牙块之间的间隙之中，该压力油液产生的液压反推力 F_{cp} 分别作用在大月牙块外侧圆弧与小月牙块内侧圆弧上，保证两个月牙块紧贴在对应的齿轮齿顶上，实现了径向密封。当月牙块出现磨损，径向间隙扩大时，液压推力会继续推动其紧贴齿顶，实现了径向间隙的自动补偿。与此同时，大小月牙块之间的密封辊也受到液压反推力的作用，将大小月牙块之间靠近低压端的一段密封区封紧，保证高低压油区的隔离。

泵工作时，大月牙块内圆弧面和小月牙块外圆弧面会受到过渡区液压推力的作用，具有将两者推离齿顶，增大径向间隙的趋势。为保证月牙块紧贴齿顶，必须满足液压反推力 F_{cp} 大于该推力，但是又不可过大，防止月牙块与轮齿齿顶之间产生较大的摩擦功率以及月牙块磨损失效。

4.2.2.2　浮动月牙填隙片静力分析与计算

浮动月牙填隙片作为径向补偿机构，大小月牙块分别与小齿轮和共齿轮轮齿构成了两对摩擦副，要求液压反推力的大小需要在一个合理的范围之内，既要保证自动补偿，又能减小月牙块的磨损，同时要尽量保证月牙块磨损均匀，避免过早失效，所以需要对大小月牙块进行合理的设计与受力分析。下面以内泵浮动月牙填隙片为例进行受力分析，先分析小月牙块受力情况：

如图 4-11(a) 所示，小月牙块外圆弧半径为 R_1，内圆弧半径为 R_2，对应的圆心角为 α_1，背压油间隙区对应的圆心角为 α_2。由于进油通槽尺寸很小，为计算简便，忽略其尺寸对受力的影响。

如图 4-11(b) 所示为小月牙块受力简图，为方便分析，将小月牙块等效为尺寸相同的平板。外圆弧受到内泵过渡区的液压推力载荷，这里将过渡区液压推力变化按照直线规律简化，最大载荷为 q_1，其作用长度为 $R_1\alpha_1$，等效作用力为 F_1；内圆弧受到大小为 q_2 的液压均布载荷，其作用长度为 $R_2\alpha_2$，其等效作用力为 F_2。设月牙块宽度为 B，根据上述条件，得

$$F_1 = BR_1\alpha_1 \frac{q_1}{2} \qquad\qquad (4\text{-}40)$$

$$F_2 = BR_2\alpha_2 q_2 \qquad\qquad (4\text{-}41)$$

则小月牙块紧贴内齿轮齿顶并进行补偿的条件是

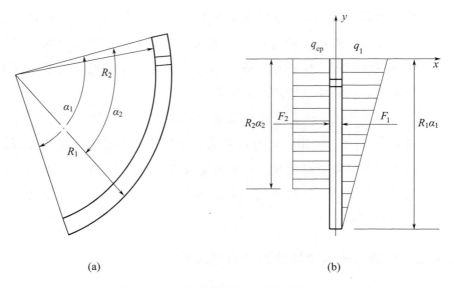

(a)　　　　　　　　　　(b)

图 4-11　小月牙块基本尺寸与受力示意

$$F_1 > F_2 \tag{4-42}$$

为使小月牙块在 F_{cp} 和 F_p 的作用下不会产生翻转力矩以致下月牙块偏磨，这两个力的作用线须重合，根据图 4-12（b），F_p 的作用线位置可根据力矩平衡公式

$$F_2 y = \int_0^{R_1 \alpha_1} \frac{q_1}{R_1 \alpha_1}(R_1 \alpha_1 - y)y \mathrm{d}y \tag{4-43}$$

解得 $y_1 = \dfrac{R_1 \alpha_1}{3}$，即 F_1 的作用线位于小月牙块外侧圆弧距高压区一端载荷作用线的 1/3 处，则 F_2 的作用线也应满足该条件，此处通过控制密封辊的位置来调节小月牙块内侧受载区域的大小，实现对 F_2 作用线位置的确定。根据图 4-12(b)，由于小月牙块内侧受到均布载荷的作用，F_2 作用线位置即为均布载荷作用长度的 1/2 处，即 $y_2 = \dfrac{R_2 \alpha_2}{2}$，若要满足 $y_2 = y_1$，则需满足条件

$$\frac{R_2 \alpha_2}{R_1 \alpha_1} = \frac{2}{3} \tag{4-44}$$

式（4-42）和式（4-44）表明了小月牙块能够进行径向自动补偿且

不发生偏磨的两个受力条件：

① 小月牙块受到的液压反推力要大于齿轮泵过渡区的液压推力；

② 从高压区端算起，当小月牙块内侧圆弧载荷的作用长度为外侧圆弧载荷作用长度的 2/3 时，不会发生偏磨现象。

大月牙块受力情况要比小月牙块复杂很多，如图 4-12(a) 所示为大月牙块基本尺寸示意。从图 4-12(a) 中可看出，内侧圆弧半径为 R_3，对应圆心角为 α_3；外侧圆弧半径为 R_4，对应圆心角为 α_4；与共齿轮贴合的圆弧半径为 R_5，对应圆心角为 α_5；可得内侧圆弧长度为 $R_3\alpha_3$，外侧圆弧长度为 $R_4\alpha_4$，与共齿轮贴合的圆弧长度为 $R_5\alpha_5$；月牙块顶部长度为 l。

如图 4-12(b) 所示为大月牙块所受载荷与其等效力示意。如图 4-12(b) 所示，与小齿轮、共齿轮接触的外侧圆弧受到的载荷均简化为按直线规律变化，最大载荷均为 q，等效作用力分别为 F_3 和 F_5；月牙块顶部作用大小为 q 的均布载荷，等效作用力为 F_l；月牙块外侧受到大小为 q_2 的均布载荷，其等效作用力为 F_4。

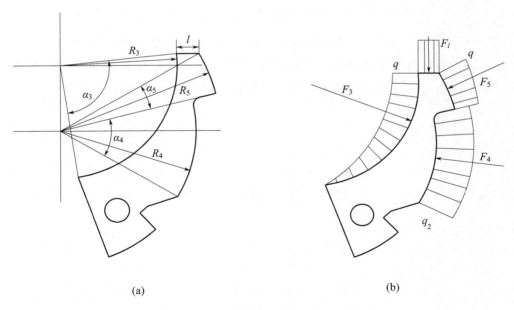

(a)　　　　　　　　　　　　　　(b)

图 4-12　大月牙块基本尺寸与受力示意

根据以上分析可得

$$F_3 = BR_3\alpha_3\frac{q}{2} \tag{4-45}$$

$$F_4 = BR_4\alpha_4 q_2 \tag{4-46}$$

$$F_5 = BR_5\alpha_5\frac{q+q_2}{2} \tag{4-47}$$

$$F_l = Blq \tag{4-48}$$

其中，F_3 和 F_5 的作用线位于距高压端载荷的作用长度的 $1/3$ 处，F_4 和 F_l 的作用线位于载荷作用长度 $1/2$ 处，等效作用力均垂直于月牙块表面。现以大月牙块小齿轮侧内侧圆弧圆心为坐标原点；以 F_3 的方向为 x 坐标轴正方向；过原点垂直于 x 轴的直线为 y 轴，如图 4-13 所示，根据其设计参数及余弦定理可以求得 F_4、F_5 和 F_l 的合力为 F_r，与 x 轴负方向夹角为 α_r。

能够进行径向补偿的条件为

$$F_r\cos\alpha_r - F_3 > 0 \tag{4-49}$$

通过图 4-13 还可以看出，存在沿 y 轴负方向的力 $F_r\sin\alpha_r$，这个力难以消除，转动销和止动销将克服这个力，且该力将产生一个以转动销为中心，沿逆时针方向旋转的力矩，即大月牙块将产生一个逆时针转动的趋势，其优点是可以加强靠近高压区的几个轮齿齿顶与月牙块的密封效果，缺点是加剧月牙块顶端的磨损。

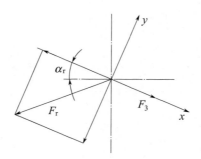

图 4-13　大月牙块所受合力示意

外泵月牙填隙片结构和原理与内泵相同，故静力分析与内泵完全相同，这里不再赘述。通过求出大小月牙块合力大小，很容易求得合力对月牙块施加的载荷 p，则可通过计算 $[pv]$ 值来判断大小月牙块的磨损情况。假设小齿轮与共齿轮轮齿均采用普通碳钢材料，锡磷青铜与钢对偶的许用 $[pv]$ 值见表 4-1。

表 4-1 锡磷青铜与刚对偶的许用 $[p]$、$[v]$ 和 $[pv]$ 值

$[p]$/MPa	$[v]$/(m/s)	$[pv]$/(MPa·m/s)
14.7	10	14.7

根据大小月牙块的静力分析及月牙块尺寸设计参数，当内外泵工作压力均为 10MPa 时，求得的大小月牙块受力及 $[pv]$ 值大小如表 4-2 所示。

表 4-2 内外泵大小月牙块受力大小与 $[pv]$ 值

项 目		合力 F_r/N	p/MPa	v/(m/s)	pv/(MPa·m/s)
内泵	小月牙块	246	0.29	2.75	0.798
	大月牙块	1720	2.71	3.69	10
外泵	小月牙块	2356	0.98	6.24	6.12
	大月牙块	4016	1.78	7.07	12.6

从表 4-2 中可以看出，外泵月牙填隙片的磨损速度要大于内泵，对于单独的月牙填隙片来讲，大月牙块所受载荷力、摩擦副的相对速度及其 $[pv]$ 值均大于小月牙块对应值，说明大月牙块受力情况及摩擦环境更加恶劣，其磨损速度要大于小月牙块；小月牙块理论上由于不存在偏磨，且 $[pv]$ 值较小，故在实现自动补偿的同时，磨损较为均匀，延长了使用寿命。

4.2.2.3 浮动月牙填隙片静力学仿真分析

前一小节已经对大小月牙块的受力进行了分析计算，理论上已经得出该月牙填隙片可以较好地执行径向间隙自补偿的任务，但是缺乏直观的、实际的验证。本小节将利用仿真软件静力学分析模块对内、外泵浮动月牙填隙片的强度与变形进行仿真分析，通过这种手段来检验其强度是否满足要求，在工作过程中是否能进行良好的间隙密封。

　　如图 4-14 所示为多输出内啮合齿轮泵齿轮组装配体的网格划分。为直观体现月牙填隙片的作用，本次仿真将其置于装配体中进行分析。月牙填隙片的材料为表层镀有耐磨材料的碳素钢，这里直接选取碳素钢。

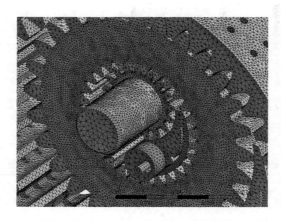

图 4-14　多输出内啮合齿轮泵齿轮组装配体的网格划分

　　首先对内泵浮动月牙填隙片进行仿真分析。如图 4-15 所示为内泵月牙填隙片的约束与载荷施加。如图 4-15(a) 所示，A、B、C、F 分别表示施加在小齿轮轴、共齿轮螺栓连接孔、大齿圈圆周面和转动销销轴的固定约束；D 表示施加在月牙填隙片径向方向的位移约束；E 表示施加在转动销孔的圆柱约束。

　　图 4-15(b) 表示上下月牙块载荷施加的情况。这里假设轮齿齿槽间的液压力为恒定值，齿顶与月牙块间间隙压力大小呈线性变化。大月牙块在对应外齿齿顶、外齿齿槽、高压腔及背压室内施加压力载荷；小月牙块在对应内齿齿顶、内齿齿槽及背压室施加压力载荷。其中在与高压腔紧邻的密封区域（与高压腔相邻的第一个齿顶）之外设置压力值为额定工作压力 10MPa。

　　根据设置的约束与在载荷条件进行仿真计算，得出的结果如图 4-16 所示。

　　为将结果清晰地表示出来，这里将变形比例放大 1000 倍，并将未变形前的形状以黑色线框表示出来。根据图 4-16(a) 可得出最大应力约为 28.6MPa，远小于碳素钢的屈服应力 220.594MPa，说明强

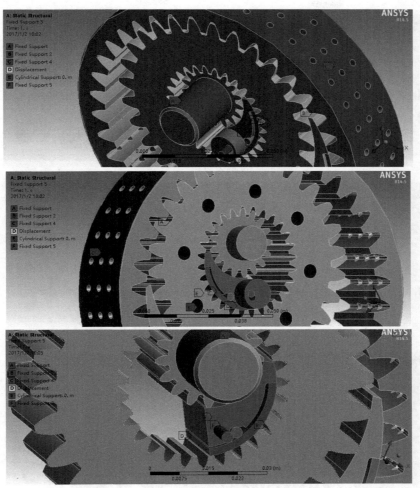

(a) 约束施加

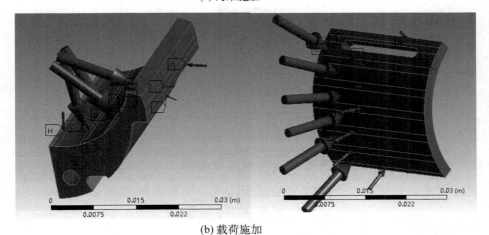

(b) 载荷施加

图 4-15   内泵月牙填隙片的约束与载荷施加

(a) 应力仿真

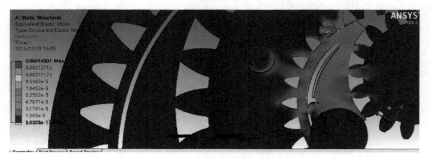

(b) 应变仿真

(c) 变形仿真

图 4-16 内泵月牙填隙片仿真结果

度满足使用要求。最大应力点的位置发生在与高压腔相邻第一个内齿齿顶与大月牙块接触处，这与大月牙块顶部区域受高压腔压力产生的变形有关。由于大月牙块顶部受力面积较大，在高压载荷的作用下，大月牙块顶部区域产生压缩变形，并压迫与高压腔相邻第一个内齿齿顶，产生较大的接触应力，说明此处磨损相对严重。从压力云图还可以看出，大小月牙块其他位置的应力大小变化不大，说明该状态下整体磨损较为均匀。从图 4-16（b）中可得最大应变大小约为 1.43×10^{-4}，其位置与最大应力位置几乎相同。图 4-16（c）表示了大小月牙块的变形程度，根据图示可得最大变形量约为 6.666×10^{-7}m，与未变形相比可以看出，大小月牙块在背压室压力的作用下都产生了向外扩张的变形趋势，分别加强了与小齿轮外齿和共齿轮内齿齿顶的接触，故可以较好地进行径向间隙的密封与自补偿。最大变形处位于大月牙块背压室中部的端面边缘处，由于这一侧没有足够的约束条件，且内外压差相对较大，故变形较大，一定程度上加剧大月牙块的磨损程度，但影响不大。

总体来说，多输出内啮合齿轮泵的内泵月牙填隙片通过背压室通入压力油产生液压反推力进行间隙密封与自补偿的原理可行，强度符合使用要求，除个别位置外，总体磨损较为均匀，但要使月牙块产生均匀的变形，仍需改进其尺寸和结构。

外泵月牙填隙片静力仿真与内泵相似，不再赘述具体过程，只对仿真结果进行简要分析，如图 4-17 所示。

如图 4-17（a）所示，为直观地观察结果，将变形比例放大 1000倍。外泵月牙填隙片最大应力为 51.911MPa，小于碳素钢屈服应力220.594MPa，说明强度满足使用要求。最大应力位置在大月牙块与密封辊相接处，由于大月牙块受到压力作用后形变，与密封辊接触应力增大所致，大小月牙块其他位置磨损较为均匀。从图 4-17（b）中可得最大应变大小约为 2.79×10^{-4}m，其位置与最大应力位置几乎相同。图 4-17（c）表示了大小月牙块的变形程度，最大变形量约为 1.4434×10^{-6}m，位于大月牙块背压室中部的端面边缘处，同样由于此处没有足够的约束条件，且内外压差较大，会产生较大的变形。内外月牙板均有向外扩张的趋势，与齿顶紧密接触，可以起到径向间隙密封与自补偿的作用，但个别位置变形较大，局部产生较大的接触应力，加剧了磨损，仍需进一步优化。

4.2.3　轴向间隙自动补偿控制

4.2.3.1　浮动侧板轴向补偿原理

如图 4-18 所示，内啮合齿轮泵前后补偿盘（浮动侧板）内侧与齿轮端面、月牙块端面相接触，形成了密封容积；背面与前后端盖

(a) 应力仿真

(b) 应变仿真

(c) 变形仿真

图 4-17　外泵月牙填隙片仿真结果

相接触，其中补偿盘背面开设压力腔。压力腔通过其内部与高压腔连通的小孔将高压油引入形成背压。当泵刚启动或工作压力较低时，轴向间隙的密封通过背压腔内密封圈的弹性变形对前补偿盘形成的压力实现；当工作压力升高时，高压腔内的高压油液经小孔流入背压腔，产生的液压推力大于补偿盘内侧受到的合力，保证补偿盘紧贴在齿轮端面，实现轴向间隙的密封。当补偿盘内侧出现磨损时，齿轮端面与补偿盘之间的间隙增加，泄漏加大，此时由背压腔内的高压油液产生的液压推力推动补偿盘继续紧贴在齿轮端面，端面间隙减小，泄漏减少，从而实现了端面间隙的自动补偿。

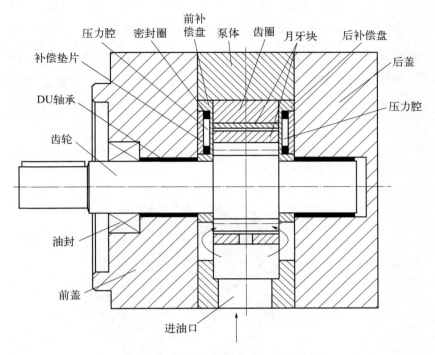

图 4-18　内啮合齿轮泵浮动侧板结构示意

背压腔内产生的液压推力应足够大，以保证轴向间隙的自动补偿，但是该力不可过大，以防加剧补偿盘内侧和齿轮端面的磨损，最终导致轴向间隙无法补偿，泵的容积效率和寿命下降。同时要保证浮动侧板两侧压力产生的力矩尽量平衡，以防浮动侧板倾斜、侧翻，产生偏磨。因此，合理设计补偿盘的背压腔的形状和位置是保证补偿盘轴向间隙自动补偿的关键。由于背压腔的面积和位置固定不变，产生的液压推力的大小和作用位置也固定不变，而补偿盘内侧液压力和力矩是周期性变化的，为了确定背压腔的几何参数，应首先分析补偿盘内侧受到的合力和力矩的大小及变化规律。

4.2.3.2　多输出内啮合齿轮泵外泵浮动侧板受力分析

以多输出内啮合齿轮泵外泵为例，对浮动侧板内侧的液压力和力矩进行分析计算。

（1）液压合力的计算

如图 4-19 所示，外泵浮动侧板内侧受到的液压力可分为以下几个区域：高压区、共齿轮压力过渡区、大齿圈压力过渡区、共齿轮密封带、大齿圈密封带、月牙填隙片密封带。当齿轮旋转时，各受力区域的形状会发生周期性变化，其受到的液压力也会随之改变。如要计算液压力的合力，首先要计算各受力区域的面积和压力。

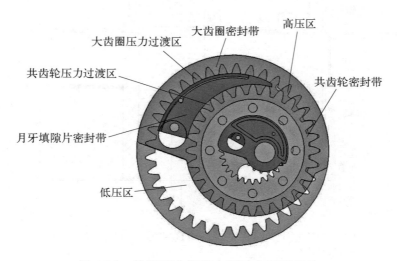

图 4-19　外泵浮动侧板内侧受力区域划分

设高压区的油液压力为 p_h，低压区的压力为 $p_l=0$。设共齿轮与大月牙块接触的齿顶数量为 m_g，对应的齿槽数量为 m_g-1；大齿圈与小月牙块接触的齿顶数量为 m_d，对应的齿槽数量为 m_d-1。假设压力过渡区齿顶与月牙块的径向间隙之间压力为线性下降，而齿槽内的压力为常值，则每个共齿轮和大齿圈齿顶压力下降分别为 $\dfrac{p_h}{m_g}$ 和 $\dfrac{p_h}{m_d}$，共齿轮压力过渡区第 i 个齿槽的压力为 $p_{gh}=p_h-\dfrac{ip_h}{m_g}$（$1\leqslant k\leqslant m_g-1$）；大齿圈压力过渡区第 i 个齿槽的压力为 $p_{dh}=p_h-\dfrac{ip_h}{m_d}$（$1\leqslant k\leqslant m_d-1$）。

美国普渡大学的 Sujian Dhar 和 Andrea Vacca 对齿轮泵轴向间隙

流场压力分布仿真结果如图 4-20 所示，从图 4-20 中可看出当两侧齿槽内压力均为高压时轮齿端面的压力为高压；一侧齿槽为高压油，另一侧为低压油的轮齿端面压力大小由高到低逐渐减小；齿根圆到齿轮轴（或齿圈外缘）的压力逐渐减小。

$$(a) \qquad\qquad\qquad\qquad (b)$$

图 4-20　齿轮泵轴向间隙流场压力分布仿真结果

根据以上结论做出假设：齿轮密封带轮齿端面压力为两侧齿槽压力和的一半，齿根圆到齿轮轴（或齿圈外缘）区域的压力为 $0.5p_h$，月牙填隙片端面间隙压力分布较为复杂，为简化计算，这里假设为 $0.5p_h$。

如图 4-21 所示，数字 1～5 为某时刻高压区共齿轮外齿齿槽编号（高压区边缘大于半个齿槽按一个齿槽计算），设每个齿槽的面积为 S_{g1}；数字 6～11 为该时刻高压区大齿圈内齿齿槽编号，设每个齿槽面积为 S_{d1}，共齿轮外齿轮齿端面积为 S_{g2}，大齿圈内齿轮齿端面积为 S_{d2}。设高压区包络的共齿轮齿槽数量为 n_1；包络的大齿圈齿槽数量为 n_2。共齿轮密封带包络的轮齿数量为 n_3；大齿圈密封带包络的轮齿数量为 n_4。

根据以上参数，可以求得各压力区域合力表达式。

高压区液压力合力为

$$F_1 = p_h \left(\sum_{j=1}^{11} S_j - S_{abc} + S_{ade} \right) = p_h (n_1 S_{g1} + n_2 S_{d1} - S_{abc} + S_{ade}) \tag{4-50}$$

式中　j——高压区齿槽编号。

共齿轮过渡区液压合力为

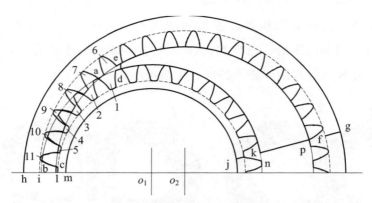

图 4-21 外泵浮动侧板内侧压力区域分布示意

e，p—外泵大月牙板端部与大齿圈齿顶圆端面接触点；

d，n—外泵大月牙板端部与共齿轮齿顶圆端面接触点；a—高压区齿槽 6 与大齿圈齿顶圆端面接触点；

c—高压区齿槽 11 与大齿圈齿顶圆端面接触点；b—高压区齿槽 11 与共齿轮齿顶圆端面接触点；

j，m—密封带区边界与共齿轮端面接触点；k，l—密封带区边界与共齿轮齿顶圆端面接触点；

f，i—密封带区边界与大齿圈齿顶圆端面接触点；h，g—密封带区与大齿圈外圆端面接触点

$$F_2 = \sum_{i=1}^{m_g-1} S_{g1} p_{gi} = \sum_{i=1}^{m_g-1} S_{g1} \left(p_h - \frac{i p_h}{m_g} \right) \tag{4-51}$$

式中　p_{gi}——共齿轮过渡区第 i 个齿槽的压力。

大齿圈过渡区液压合力为

$$F_3 = \sum_{i=1}^{m_d-1} S_{d1} p_{di} = \sum_{i=1}^{m_d-1} S_{d1} \left(p_h - \frac{i p_h}{m_d} \right) \tag{4-52}$$

式中　p_{di}——大齿圈过渡区第 i 个齿槽的压力。

共齿轮密封带区液压合力为

$$F_4 = \sum_{i=1}^{n_3} S_{g2} p_{gmi} + 0.5 p_h S_{jklm} \tag{4-53}$$

式中　p_{gmi}——共齿轮密封带区第 i 个轮齿的端面压力。

大齿圈密封带区液压合力为

$$F_5 = \sum_{i=1}^{n_4} S_d p_{dmi} + 0.5 p_h S_{fghi} \tag{4-54}$$

式中　p_{dmi}——大齿圈密封带区第 i 个轮齿的端面压力。

月牙填隙片区液压合力为

$$F_6 = 0.5 p_h S_{depn} \tag{4-55}$$

通过以上计算表达式可以看出，求解各区域液压合力的关键在于求解齿槽、轮齿端面以及各不规则形状的面积，其求解手段有积分法和测量法，由于积分方法计算量庞大繁杂，故在此利用二维绘图软件 CAXA 按照设计参数生成的标准齿轮，通过面积测量工具对齿槽、轮齿端面等不规则形状直接测量。外泵齿轮副各压力区域面积测量数据如表 4-3 所示。

表 4-3　外泵齿轮副各压力区域面积测量数据　　　　　单位：mm^2

S_{g1}	S_{g2}	S_{d1}	S_{d2}	S_{ade}	S_{jklm}	S_{fghi}	S_{depn}
31.70	31.35	28.35	35.69	7.32	1149.38	354.16	1096.66

对于不规则面积 S_{abc}，其大小随着齿轮的转动呈周期性变化，是一系列波动的数值。易知，当共齿轮外齿转过一个轮齿对应的中心角时，各压力区域的面积变化为一个周期。将测得的各数据代入上述计算公式中，便可以求得浮动侧板内侧对应区域的压力及合力值。

（2）液压偏心力矩的计算

如图 4-22 所示，设共齿轮外齿齿槽形心距中心 o_1 的距离为 r_g，轮齿端面形心距 o_1 的距离为 r_{gm}。第 i 个齿槽形心与中心 o_1 的连线与 $o_1 o_2$ 的夹角为 α_{1i}；第 i 个轮齿形心与中心 o_1 的连线与 $o_1 o_2$ 的夹角为 α_{2i}。大齿圈齿槽形心距中心 o_2 的距离为 r_d；轮齿端面形心距 o_2 的距离为 r_{dm}。第 i 个齿槽形心与中心 o_2 的连线与 $o_1 o_2$ 的夹角为 β_{1i}；第 i 个轮齿形心与中心 o_2 的连线与 $o_1 o_2$ 的夹角为 β_{2i}。

根据以上参数，可以求得各区域液压力对轴线 $o_1 o_2$ 的偏心矩如下。

高压区液压偏心力矩为

$$M_1 = p_h \left(\sum_{i=1}^{n_1} S_{g1} r_g \sin\alpha_{1i} + \sum_{i=1}^{n_2} S_{d1} r_d \sin\beta_{1i} \right) - M_{abc} + M_{ade} \tag{4-56}$$

共齿轮过渡区液压偏心力矩为

$$M_2 = \sum_{i=1}^{m_g - 1} S_{g1} p_{gi} r_g \sin\alpha_{1i} \tag{4-57}$$

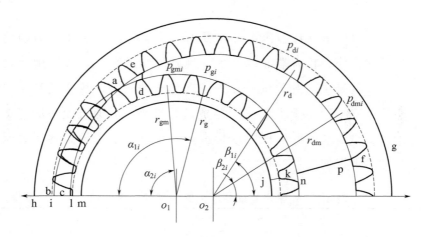

图 4-22　外泵浮动侧板内侧力矩分布示意

大齿圈过渡区液压偏心力矩为

$$M_3 = \sum_{i=1}^{m_d-1} S_{d1} p_{di} r_d \sin\beta_{1i} \tag{4-58}$$

共齿轮密封带区液压偏心力矩为

$$M_4 = \sum_{i=1}^{n_3} S_{g2} p_{gmi} r_{gm} \sin\alpha_{2i} + M_{jklm} \tag{4-59}$$

大齿圈密封带区液压偏心力矩为

$$M_5 = \sum_{i=1}^{n_4} S_{d2} p_{dmi} r_{dm} \sin\beta_{2i} + M_{fghi} \tag{4-60}$$

月牙填隙片密封带区液压偏心力矩为

$$M_6 = M_{depn} \tag{4-61}$$

　　根据上述分析，可看出求解各压力区偏心力矩的关键是求解齿槽、轮齿端面形心相对各自齿轮中心的距离及各不规则形状的形心相对于轴线 o_1o_2 的距离。同样利用测量法，采用 CAXA 工具栏中形心测量工具可以方便地找到各形状的形心位置并求出其到中心点的距离。将所求数据代入以上表达式，便可求出浮动侧板内侧各区域液压力矩及液压合力矩。

　　齿轮在转动时各区域面积呈周期性变化，通过测量与计算得到外泵共齿轮转过一个周期内各区域的压力值和力矩值，如表 4-4 所示。

表 4-4　外泵浮动侧板内侧各区域压力值与力矩值

旋转角度/(°)	高压区		过渡区		密封区		总和	
	力/N	力矩/(N·mm)	力/N	力矩/(N·mm)	力/N	力矩/(N·mm)	力/N	力矩/(N·mm)
1	2395	69713	2872	112382	14764	500216	20031	682311
2	2352	68617	2872	112729	14764	498327	19988	679763
3	2308	65539	2872	113023	14764	496395	19944	674921
4	2265	63472	2872	113347	14764	494417	19901	671236
5	2184	61101	2872	113619	14764	492376	19820	667096
6	2141	59369	2878	119181	14784	495301	19803	673851
7	2428	70427	2878	118395	14784	498869	20090	687736
8	2728	82303	2707	111917	14615	507910	20141	702130
9	2685	80157	2707	112365	14615	506041	20007	698563
10	2641	78020	2707	110755	14615	504125	11963	692900
11	2597	76172	2872	111199	14764	502143	20234	689541
12	2481	73817	2872	111619	14764	504116	20117	689552
13	2438	71952	2872	112015	14764	502098	20074	686065

将表 4-4 内的合力和合力矩画成曲线，如图 4-23 所示。

从图 4-23 中可看出，浮动侧板内侧合力和合力矩均为周期性变化。如图 4-23(a) 所示，浮动侧板内侧合力在一个周期内有较大波动，这是由于不同压力区域、不同时刻齿数和齿槽数的变化引起的受力面积的变化所致。当共齿轮旋转了 6°时，浮动侧板内侧受到的最小压力为 19803N；当共齿轮旋转了 11°时，浮动侧板受到的最大压力为 20243N。密封带区的压力在合力中所占比重最大，约为 74%；高压区所占比重最小，约为 12%。如图 4-23(b) 所示，当共齿轮转动了 5°时，合力矩达到最小值为 667096N·mm；当共齿轮转动了 8°时，浮动侧板内侧合力矩达到最大值为 702130N·mm。过渡区力矩在合力矩中所占比重最大，约为 73%；高压区所占比重最小，约为 10%。根据以上分析，在设计浮动侧板背压腔时，不能仅考虑

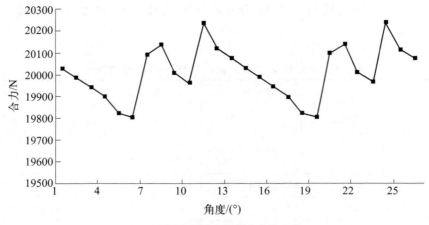

(a) 浮动侧板内侧合力变化曲线

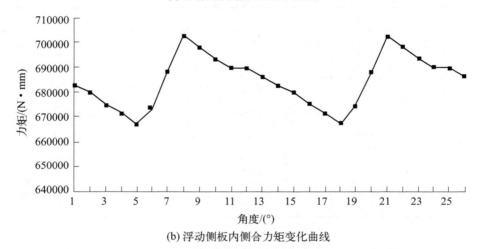

(b) 浮动侧板内侧合力矩变化曲线

图 4-23　外泵浮动侧板内侧合力与力矩分布示意

高压区油液压力的影响，还应考虑过渡区与密封区的压力对浮动侧板的影响。

（3）外泵浮动侧板背压腔设计

在设计浮动侧板背压腔面积大小时，首先应确定背压腔液压反推力的大小。为了保证浮动侧板时刻紧贴在齿轮端面上并能够自动补偿，且磨损较小，背压腔受到的液压反推力应略大于浮动侧板内侧合力，两者之比一般在 1～1.05 的范围之内。当取压力的最小值与比例系数相乘，刚好大于压力的最大值时，不仅可以保证浮动侧板紧贴齿轮端面，还可以控制磨损程度，延长使用寿命。经计算并取整，浮动侧板背压腔受力为 20300N，则浮动侧板面积为 2030mm² 。由于浮动侧板内侧受到的合力矩是不断变化的，因此无法保证浮动侧板不发生倾斜，只能将倾斜程度降到最低。为了保证浮动侧板不来回翻转，故背压腔产生的力矩应略微大于浮动侧板内侧合力矩，故将两者之比控制在 1.05 左右即可，故背压腔产生的力矩取 703000N·mm。

图 4-24(a) 表示了浮动侧板背压腔形状及设计参数，为了尽量减小力矩不平衡所引起的浮动侧板的倾斜，通常将背压腔设计成月牙形状，其中背压腔的内圆弧中心与共齿轮中心重合，外圆弧中心与大齿圈中心重合，将背压腔形状设计为两弓形面积之差。r_1 表示背压腔内圆弧的半径；r_2 表示背压腔外圆弧的半径，h 表示背压腔底边到中心线 $o_1 o_2$ 的距离。

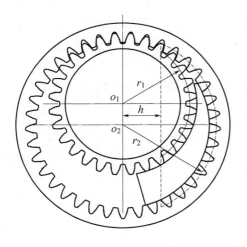

(a) 浮动侧板背压腔形状参数

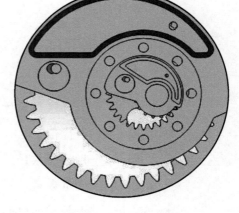

(b) 浮动侧板背压腔实际形状

图 4-24　外泵浮动侧板背压腔几何形状

根据设计参数，可得作用在背压腔的合力为

$$F_{out} = p_h \left\{ \frac{r_2^2}{2} \left[\arccos \frac{h}{r_2} - \sin \left(2\arccos \frac{h}{r_2} \right) \right] - \frac{r_1^2}{2} \left[\arccos \frac{h}{r_1} - \sin \left(2\arccos \frac{h}{r_1} \right) \right] \right\} \tag{4-62}$$

背压腔对中心线 o_1o_2 的合力矩为

$$M_{out} = \frac{2}{3} p_h (r_2^2 - h^2)^{\frac{3}{2}} - \frac{2}{3} p_h (r_1^2 - h^2)^{\frac{3}{2}} \qquad (4\text{-}63)$$

背压腔的合力和合力矩应与浮动侧板内侧合力和合力矩平衡，即须满足条件

$$F_{out} = K F_{in}$$

$$M_{out} = M_{in}$$

式中　K——压紧系数，$K = 1 \sim 1.05$；

　　　F_{in}——浮动侧板内侧合力；

　　　M_{in}——浮动侧板内侧对中心线 o_1o_2 的合力矩。

利用 Matlab 中的优化工具箱中的遗传算法函数 ga 来求解背压腔在上述条件下的最优参数，即满足条件的背压腔最小参数值。ga 的常用调用格式是

$$[x, fval] = \mathrm{ga}(fun, nvars, A, b, Aeq, beq, lb, ub, nonlcon, options)$$

$$(4\text{-}64)$$

式中　x——设计参数最优解；

　　$fval$——最优值；

　　fun——目标函数；

　　$nvars$——变量数量；

　　A，b——不等式约束的系数矩阵，$Ax \leqslant b$；

Aeq，beq——等式约束的系数矩阵，$Aeqx = beq$；

　lb，ub——设计参数值的下限与上限；

$nonlcon$——非线性函数约束；

$options$——传递给 ga 的参数，这里可不写，自动取默认值。

在考虑力和力矩平衡的基础上，设目标函数为

$$\min f(r_1, r_2, h) = |F_{out} - K F_{in}| + |M_{out} - M_{in}| \qquad (4\text{-}65)$$

根据浮动侧板的几何形状设定边界条件。

$$\begin{cases} R_1 \leqslant r_1 \leqslant \dfrac{R_1 + R_2 - e}{2} \\[2mm] \dfrac{R_1 + R_2 + e}{2} \leqslant r_2 \leqslant R_2 \\[2mm] 0 \leqslant h \leqslant R_1 \end{cases} \tag{4-66}$$

式中　R_1——共齿轮轴半径，mm；

　　　R_2——大齿圈外缘半径，mm；

　　　e——齿轮中心距，mm。

这里取 $KF_{in} = 20300$，$M_{out} = 703000$，考虑到密封槽，止动销在浮动侧板上占据必要的尺寸，这里取 $R_1 = 35$mm，$R_2 = 65$mm，$e = 13.5$mm。将以上数据带入 ga 函数中，求得背压腔 $[r_1, r_2, h]$ 的最优参数为 $[57.3, 38.1, 21.3]$。利用 Matlab 中优化工具箱的 ga 函数可以根据设计需要快速准确地求解得到背压腔设计参数值，且不存在因设初值的不同而陷入局部最优解的问题。最后可将设计参数代入绘图软件中绘制背压腔，并通过测量其面积和相对于中心线 $o_1 o_2$ 的距离，结合工作压力计算压力和偏心力矩进行验证，验证结果与设计值基本吻合，说明该方法可行。

内泵浮动侧板的受力分析及浮动侧板的设计与外泵完全相同，不再赘述。

4.3
多输出内啮合齿轮泵流量脉动与泄漏分析

输出流量的大小是内啮合齿轮泵输出特性的重要参数，而流量脉动的大小是流量品质好坏的重要指标。

4.3.1　内啮合齿轮泵的输出特性参数

4.3.1.1　瞬时流量

如图 4-25 所示为渐开线内啮合齿轮泵啮合工作模型，其中小齿轮为主动轮，f 为啮合点 k 至节点 p 的距离。根据齿轮啮合基本定律及相应的几何关系可求得内啮合齿轮泵的理论瞬时流量为

$$Q_{sh}=\frac{B\omega_1}{2}\left[2r_1(h_{a1}+h_{a2})+h_{a1}^2-\frac{r_1}{r_2}h_{a2}^2-\left(1-\frac{r_1}{r_2}\right)f^2\right] \quad (4\text{-}67)$$

式中　B——小齿轮尺宽，mm；

　　　ω_1——小齿轮转速，rad/s；

　　　r_1——小齿轮节圆半径，mm；

　　　r_2——内齿轮节圆半径，mm；

　　　h_{a1}——小齿轮齿顶高，mm；

　　　h_{a2}——内齿轮齿顶高，mm。

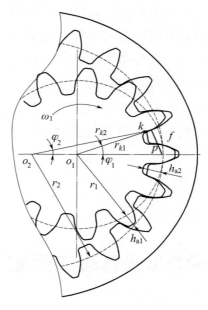

图 4-25　渐开线内啮合齿轮泵啮合工作模型

渐开线齿轮啮合点的位置是不断变化的，啮合点到节点距离 f 也是不断变化的，对于渐开线齿轮，具有以下性质。

$$f=r_{b1}\varphi_1 \quad (4\text{-}68)$$

式中　r_{b1}——小齿轮基圆半径，mm；

　　　φ_1——小齿轮转角，rad。

将式(4-68)代入式(4-67)中得

$$Q_{sh} = \frac{B\omega_1}{2}\left[2r_1(h_{a1}+h_{a2})+h_{a1}^2-\frac{r_1}{r_2}h_{a2}^2-\left(1-\frac{r_1}{r_2}\right)r_{b1}^2\varphi_1^2\right] \quad (4\text{-}69)$$

式(4-69)为内啮合齿轮泵的瞬时流量公式。可以看出，理论瞬时流量是随小齿轮的转角 φ_1 按照抛物线的规律变化。图 4-26 表示了 Q_{sh} 随转角 φ_1 的周期变化情况。

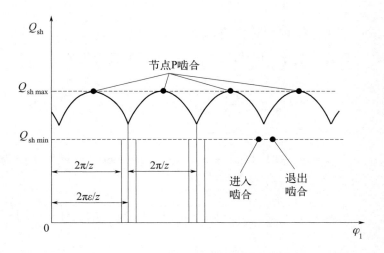

图 4-26　Q_{sh} 随转角 φ_1 的周期变化情况

从图 4-26 中可以看出，瞬时流量呈周期性变化，若取重合度 $\varepsilon=1$，则脉动周期为 $2\pi/z$，z 为小齿轮齿数。啮合点运动至节点处时，流量达到最大值；啮合点处在轮齿进入啮合和退出啮合两点时，瞬时流量达到最小值。

根据式(4-69)，可以求得理论瞬时流量的最大值和最小值。当 $f=0$ 时，即啮合点 k 移动至节点 p 时，此时理论瞬时流量为最大值。

$$Q_{sh\,max} = \frac{B\omega_1}{2}\left[2r_1(h_{a1}+h_{a2})+h_{a1}^2-\frac{r_1}{r_2}h_{a2}^2\right] \quad (4\text{-}70)$$

当一对齿轮刚进入啮合以及刚要退出啮合时，即 $f=\pm\dfrac{t_{j1}}{2}$ 时（$t_{j1}=\pi m_1\cos\alpha$），理论瞬时流量达到最小值。

$$Q_{sh\,min} = \frac{B\omega_1}{2}\left[2r_1(h_{a1}+h_{a2})+h_{a1}^2-\frac{r_1}{r_2}h_{a2}^2-\left(1-\frac{r_1}{r_2}\right)\frac{t_{j1}^2}{4}\right] \quad (4\text{-}71)$$

式中　t_{j1}——小齿轮基节，mm。

如果内齿轮作为主动轮，而小齿轮作为从动轮进行吸压油时，利用内啮合齿轮泵的容积变化法，不难推导出它的理论瞬时流量公式。

$$Q_{sh} = \frac{B\omega_2}{2}\left[2r_2(h_{a1}+h_{a2})-h_{a2}^2+\frac{r_2}{r_1}h_{a1}^2-\left(\frac{r_2}{r_1}-1\right)f^2\right] \quad (4\text{-}72)$$

式中　ω_2——内齿轮转速，rad/s。

同理，当 $f=0$ 时，理论瞬时流量的最大值为

$$Q_{sh\,max} = \frac{B\omega_2}{2}\left[2r_2(h_{a1}+h_{a2})-h_{a2}^2+\frac{r_2}{r_1}h_{a1}^2\right] \quad (4\text{-}73)$$

当 $f=\pm\dfrac{t_{j2}}{2}$ 时（$t_{j2}=\pi m_2\cos\alpha$），理论瞬时流量最小值为

$$Q_{sh\,min} = \frac{B\omega_2}{2}\left[2r_2(h_{a1}+h_{a2})-h_{a2}^2+\frac{r_2}{r_1}h_{a1}^2-\left(\frac{r_2}{r_1}-1\right)\frac{t_{j2}^2}{4}\right] \quad (4\text{-}74)$$

式中　t_{j2}——内齿轮基节，mm。

4.3.1.2　排量

对于渐开线内啮合齿轮泵而言，小齿轮每转过一个基节 t_j 就有一个新的啮合点形成，此过程即为一对轮齿在啮合过程中的排油体积 V_n，可通过对理论瞬时流量公式［式(4-67)］积分求得。

$$V_n = \int_{T_j} Q_{sh} = \frac{B\omega_1}{2}\int_{T_j}\left[2r_1(h_{a1}+h_{a2})+h_{a1}^2-\frac{r_1}{r_2}h_{a2}^2-\left(1-\frac{r_1}{r_2}\right)f^2\right]\mathrm{d}t$$

$$(4\text{-}75)$$

式中　T_j——齿轮转过一个基节所需的时间，s。

根据渐开线的性质，有 $f=r_{b1}\varphi_1$，则 $\mathrm{d}f=r_{b1}\omega_1\mathrm{d}t$，可得

$$\mathrm{d}t = \frac{\mathrm{d}f}{r_{b1}\omega_1} \quad (4\text{-}76)$$

将式（4-76）代入式（4-75），并考虑积分极限的变换，可得到一对齿在啮合过程中的排油体积为

$$V_n = \frac{\pi B}{z_1} \left[2r_1(h_{a1} + h_{a2}) + h_{a1}^2 - \frac{r_1}{r_2} h_{a2}^2 - \left(1 - \frac{r_1}{r_2}\right) K_c \frac{t_{j1}^2}{12} \right] \quad (4\text{-}77)$$

式中　z_1——小齿轮（主动轮）齿数。

排量 q 等于一对轮齿在啮合过程中的排油体积 V_n 和齿数 z_1 的乘积，即

$$q = z_1 V_n = \pi B \left[2r_1(h_{a1} + h_{a2}) + h_{a1}^2 - \frac{r_1}{r_2} h_{a2}^2 - \left(1 - \frac{r_1}{r_2}\right) K_c \frac{t_{j1}^2}{12} \right]$$

$$(4\text{-}78)$$

式中，$K_c = 3\varepsilon^2 - 6\varepsilon + 4$。

取重合度 $\varepsilon = 1$，可得内啮合齿轮泵排量计算公式。

$$q = \pi B \left[2r_1(h_{a1} + h_{a2}) + h_{a1}^2 - \frac{r_1}{r_2} h_{a2}^2 - \left(1 - \frac{r_1}{r_2}\right) \frac{t_{j1}^2}{12} \right] \quad (4\text{-}79)$$

根据前面所述，不难推出内齿轮作为主动轮时内啮合齿轮泵的排量公式。

$$q = \pi B \left[2r_2(h_{a1} + h_{a2}) - h_{a2}^2 + \frac{r_2}{r_1} h_{a1}^2 - \left(\frac{r_2}{r_1} - 1\right) \frac{t_{j2}^2}{12} \right] \quad (4\text{-}80)$$

4.3.1.3　流量不均匀系数

由上述分析可以求得内啮合齿轮泵的理论平均流量公式。

$$Q_t = \frac{q n_t}{1000} \quad (\text{L/min}) \quad (4\text{-}81)$$

式中　n_t——主动轮转速，r/min。

在一对内啮合齿轮的啮合过程中，由于啮合点到节点距离 f 随啮合点的位置变化而变化，从而导致理论瞬时流量 Q_{sh} 的数值在平均流量 Q_t 附近波动，为了评价理论瞬时流量的脉动程度，定义了流量不均匀系数 δ_Q。

$$\delta_Q = \frac{Q_{\text{sh max}} - Q_{\text{sh min}}}{Q_t} = \frac{Q_{\text{sh max}} - Q_{\text{sh min}}}{n_t q} \qquad (4\text{-}82)$$

式中　$Q_{\text{sh max}}$——理论瞬时流量的最大值；

　　　$Q_{\text{sh min}}$——理论瞬时流量的最小值。

4.3.2 多输出内啮合齿轮泵的流量脉动

影响内啮合齿轮泵流量脉动的因素有很多，除了一对轮齿的啮合点位置不断变化导致的瞬时流量不均匀的根本原因以外，油液在齿轮泵运转过程中的压缩性，齿轮泵的泄漏，齿轮泵齿间密封腔在与高压腔连通的瞬间产生的高压回流现象都是导致产生流量脉动的因素。在这里重点讨论啮合点变化导致的流量脉动，利用之前分析得到的输出特性参数，对多输出内啮合齿轮泵在三种工作方式下的流量脉动进行分析计算与优化。

4.3.2.1 内泵单独工作时的流量脉动

共齿轮为主动轮与小齿轮组成的内泵单独输出高压油至负载，外泵卸荷，此时的连接方式如图 4-27 所示。

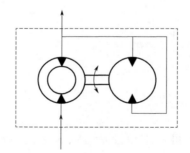

图 4-27　内泵单独工作连接方式

根据式（4-72）可得出内泵理论瞬时流量表达式。

$$Q_{\text{sh内}} = \frac{B\omega_{\text{共}}}{2}\left[2r_{1\text{共}}(h_{\text{a1共}} + h_{\text{a小}}) - h_{\text{a1共}}^2 + \frac{r_{1\text{共}}}{r_{\text{小}}}h_{\text{a小}}^2 - \left(\frac{r_{1\text{共}}}{r_{\text{小}}} - 1\right)r_{\text{b1}}^2\varphi^2\right]$$

$$(4\text{-}83)$$

式中　$r_{1\text{共}}$——共齿轮内齿节圆半径，mm；

$r_\text{小}$——小齿轮节圆半径，mm；

$h_\text{a1共}$——共齿轮内齿齿顶高，mm；

$h_\text{a小}$——小齿轮齿顶高，mm；

r_b1——共齿轮内齿基圆半径，mm；

φ——共齿轮转角，rad。

$\omega_\text{共}$——共齿轮转速，rad/s。

根据式（4-73）可以得出内泵单独工作时理论瞬时流量最大值表达式。

$$Q_\text{sh max内}=\frac{B\omega_\text{共}}{2}\left[2r_\text{1共}(h_\text{a1共}+h_\text{a小})-h_\text{a1共}^2+\frac{r_\text{1共}}{r_\text{小}}h_\text{a小}^2\right]\qquad(4\text{-}84)$$

根据式（4-74），可以得出理论瞬时流量最小值表达式。

$$Q_\text{sh min内}=\frac{B\omega_\text{共}}{2}\left[2r_\text{1共}(h_\text{a1共}+h_\text{a小})-h_\text{a1共}^2+\frac{r_\text{1共}}{r_\text{小}}h_\text{a小}^2-\left(\frac{r_\text{1共}}{r_\text{小}}-1\right)\frac{t_\text{j1}^2}{4}\right]$$

$$(4\text{-}85)$$

式中　t_j1——共齿轮内齿基节。

根据式（4-83）可以绘制出内泵单独工作时理论瞬时流量脉动曲线，如图 4-28 所示。

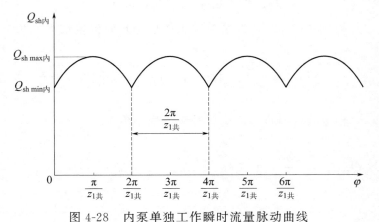

图 4-28　内泵单独工作瞬时流量脉动曲线

4.3.2.2　外泵单独工作时的流量脉动

共齿轮为主动轮与大齿圈组成的外泵单独输出高压油至负载，

内泵卸荷，此时的连接方式如图 4-29 所示。

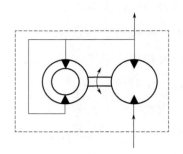

图 4-29　外泵单独工作连接方式

根据式(4-67)，外泵的理论瞬时流量为

$$Q_{\text{sh外}}=\frac{B\omega_{\text{共}}}{2}\left[2r_{\text{2共}}(h_{\text{a2共}}+h_{\text{a大}})+h_{\text{a2共}}^{2}-\frac{r_{\text{2共}}}{r_{\text{大}}}h_{\text{a大}}^{2}-\left(1-\frac{r_{\text{2共}}}{r_{\text{大}}}\right)r_{\text{b2}}^{2}\varphi^{2}\right]$$

$$(4\text{-}86)$$

式中　$r_{\text{2共}}$——共齿轮外齿节圆半径，mm；

$\quad\quad r_{\text{大}}$——大齿圈节圆半径，mm；

$\quad\quad h_{\text{a2共}}$——共齿轮外齿齿顶高，mm；

$\quad\quad h_{\text{a大}}$——大齿圈齿顶高，mm；

$\quad\quad r_{\text{b2}}$——共齿轮外齿基圆半径，mm。

根据式(4-68)，外泵单独工作理论瞬时流量最大值为

$$Q_{\text{sh max外}}=\frac{B\omega_{\text{共}}}{2}\left[2r_{\text{2共}}(h_{\text{a2共}}+h_{\text{a大}})+h_{\text{a2共}}^{2}-\frac{r_{\text{2共}}}{r_{\text{大}}}h_{\text{a共}}^{2}\right]\quad(4\text{-}87)$$

根据式(4-69)，理论瞬时流量最小值为

$$Q_{\text{sh min外}}=\frac{B\omega_{\text{共}}}{2}\left[2r_{\text{2共}}(h_{\text{a2共}}+h_{\text{a大}})+h_{\text{a2共}}^{2}-\frac{r_{\text{2共}}}{r_{\text{大}}}h_{\text{a大}}^{2}-\left(1-\frac{r_{\text{2共}}}{r_{\text{大}}}\right)\frac{t_{\text{j2}}^{2}}{4}\right]$$

$$(4\text{-}88)$$

式中　t_{j2}——共齿轮外齿基节。

根据式(4-86)可以绘制出外泵单独工作时理论瞬时流量脉动曲线，如图 4-30 所示。

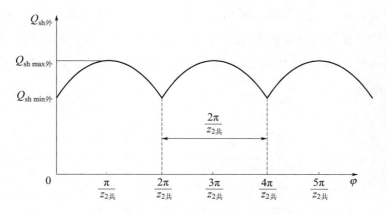

图 4-30　外泵单独工作瞬时流量脉动曲线

4.3.2.3　内外泵同时工作时的流量脉动

共齿轮与小齿轮和大齿圈形成的内外泵同时向系统供油，其连接方式如图 4-31 所示。

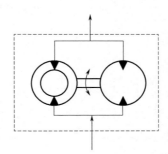

图 4-31　内外泵同时工作连接方式

此时泵输出的理论瞬时流量是内泵和外泵分别单独工作时的线性叠加，由式(4-83) 和式(4-86) 可得

$$Q_{sh内+外} = \frac{B\omega_{共}}{2}\left[2r_{1共}(h_{a1共}+h_{a小})-h_{a1共}^2+\frac{r_{1共}}{r_小}h_{a小}^2-\left(\frac{r_{1共}}{r_小}-1\right)r_{b1}^2\varphi^2\right]+$$

$$\frac{B\omega_{共}}{2}\left[2r_{2共}(h_{a2共}+h_{a大})+h_{a2共}^2-\frac{r_{2共}}{r_大}h_{a大}^2-\left(1-\frac{r_{2共}}{r_大}\right)r_{b2}^2\varphi^2\right]$$

$$(4-89)$$

为了更加直观地反映出内外泵同时工作时理论瞬时流量脉动与

啮合齿轮结构参数之间的关系，现将式（4-89）进行进一步推导。已知多输出内啮合齿轮泵的所有齿轮均为渐开线标准齿轮，共齿轮由内齿和外齿构成，且作为主动轮输入转矩。将共齿轮视为刚体，则有

$$\omega_{共} = \omega_{内} = \omega_{外} \qquad (4\text{-}90)$$

式中　$\omega_{内}$——共齿轮内齿转速，rad/s；

　　　$\omega_{外}$——共齿轮外齿转速，rad/s。

根据标准齿轮的参数计算，对于内泵，有

$$\begin{cases} r_{1共} = \dfrac{1}{2} z_{1共}\, m_{1共} \\[2mm] r_{小} = \dfrac{1}{2} z_{小}\, m_{小} \\[2mm] r_{b1} = r_{1共}\cos\alpha \\[2mm] h_{a1共} = h_{a小} = h_{a1共}^{*}\, m_{1共} = h_{a小}^{*}\, m_{小} \end{cases} \qquad [4\text{-}91(\mathrm{a})]$$

对于外泵，有

$$\begin{cases} r_{2共} = \dfrac{1}{2} z_{2共}\, m_{2共} \\[2mm] r_{小} = \dfrac{1}{2} z_{大}\, m_{大} \\[2mm] r_{b2} = r_{2共}\cos\alpha \\[2mm] h_{a2共} = h_{a大} = h_{a2共}^{*}\, m_{2共} = h_{a大}^{*}\, m_{大} \end{cases} \qquad [4\text{-}91(\mathrm{b})]$$

式中　$z_{1共}$，$z_{2共}$——共齿轮内齿、外齿齿数；

　　　$z_{小}$，$z_{大}$——小齿轮、大齿圈齿数；

　　　$h_{a1共}^{*}$，$h_{a2共}^{*}$——共齿轮内齿，外齿齿顶高系数，$h_{a1共}^{*} = h_{a2共}^{*} = 1$；

　　　$h_{a小}^{*}$，$h_{a大}^{*}$——小齿轮、大齿圈齿顶高系数，$h_{a小}^{*} = h_{a大}^{*} = 1$；

　　　$m_{1共}$，$m_{2共}$——共齿轮内齿、外齿模数；

　　　$m_{小}$，$m_{大}$——小齿轮、大齿圈模数；

　　　α——渐开线在分度圆上的压力角，$\alpha = 20°$。

将式[4-25（a）]、式[4-25（b）]代入式（4-23）中，可得

$$Q_{sh内+外} = \frac{B\omega_共 m_{1共}^2}{2}\left[2z_{1共}-1+\frac{z_{1共}}{z_小}-\left(\frac{z_{1共}}{z_小}-1\right)\frac{(\varphi z_{1共}\cos\alpha)^2}{4}\right]+$$

$$\frac{B\omega_共 m_{2共}^2}{2}\left[2z_{2共}+1-\frac{z_{2共}}{z_大}-\left(1-\frac{z_{2共}}{z_大}\right)\frac{(\varphi z_{2共}\cos\alpha)^2}{4}\right]$$

$$(4-92)$$

根据图 4-28、图 4-30 及以上分析不难看出，内泵单独工作、外泵单独工作的理论瞬时流量曲线都是以共齿轮转角 φ 为自变量的二次函数，内泵流量脉动周期为 $2\pi/z_{1共}$，外泵流量脉动周期为 $2\pi/z_{2共}$。由于内外泵同时工作时的理论瞬时流量是两者的线性叠加，当内外泵流量脉动周期相同时，即 $2\pi/z_{1共}=2\pi/z_{2共}$，即 $z_{1共}=z_{2共}$。通过调整内外泵理论瞬时流量脉动曲线的初始相位角 $\Delta\varphi$，使得外泵脉动曲线的波峰与内泵脉动曲线的波谷相对应，外泵脉动曲线的波谷与内泵脉动曲线的波峰相对应，这就要求在外泵的共齿轮外齿与大齿圈相互啮合转动中，轮齿刚进入或退出啮合时，恰好对应于内泵的小齿轮轮齿与共齿轮内齿在节点处啮合，且当外泵的一对轮齿在节点处啮合时，恰好内泵的一对相互啮合轮齿刚进入或退出啮合。如图 4-32 所示，外泵单独工作时的理论瞬时流量脉动曲线较内泵相差了一个初始相位角 $\Delta\varphi$，如要使两条曲线线性叠加时期脉动最小，则必须满足 $\Delta\varphi=\pm k\pi/z_{1共}$，$k=1，2，3\cdots$，即共齿轮外齿与内齿齿形错开一个 $\pm k\pi/z_{1共}$。

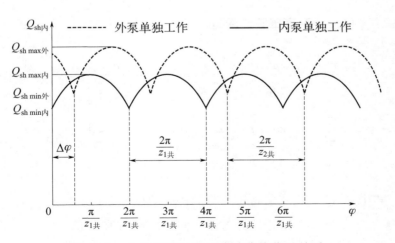

图 4-32　内外泵瞬时流量脉动曲线位置关系

综上所述，要使内外泵同时工作时的理论瞬时流量脉动达到最小，输出流量最为平稳，从啮合点变化导致流量脉动的角度出发，共齿轮内外齿在设计时应满足

$$\begin{cases} z_{1\text{共}} = z_{2\text{共}} \\ \Delta\varphi = \dfrac{\pm k\pi}{z_{1\text{共}}}(k=1,2,3,\cdots) \end{cases} \quad (4\text{-}93)$$

4.3.3　多输出内啮合齿轮泵的泄漏分析

泄漏直接影响着多输出内啮合齿轮泵的容积效率。多输出内啮合齿轮泵的泄漏途径可分为三种：浮动侧板轴向间隙泄漏、径向间隙泄漏、齿面接触处（啮合点）的泄漏。

4.3.3.1　浮动侧板轴向间隙泄漏分析

浮动侧板轴向间隙泄漏是指泵的高压腔和过渡腔齿槽内的压力油液通过齿轮副端面和浮动侧板内侧面之间的间隙流入低压腔的过程。高压腔内油液压力均为工作压力，过渡腔内油液压力从高压腔至低压腔逐渐降低，故需要分别计算其各自的泄漏量。同时，浮动侧板轴向间隙泄漏途径又可分为两条：①齿轮轴齿根圆至齿轮轴外缘；②齿圈齿根圆至齿圈外缘。根据油液在轴向间隙流动特点分析得出，其流动模型为两平行圆盘间隙流动模型。

（1）外泵高压腔泄漏量

$$\Delta Q_{v1} = \frac{\pi h^3 \Delta p}{6\mu \ln \dfrac{R_{f1}}{R_{z1}}} \times \frac{\theta_1}{2\pi} \times 60 \times 10^3 = \frac{\theta_1 h^3 \Delta p}{2\mu \ln \dfrac{R_{f1}}{R_{z1}}} \times 10^4 (\text{L/min}) \quad (4\text{-}94)$$

$$\Delta Q_{v2} = \frac{\pi h^3 \Delta p}{6\mu \ln \dfrac{R_{f2}}{R_{z2}}} \times \frac{\theta_2}{2\pi} \times 60 \times 10^3 = \frac{\theta_2 h^3 \Delta p}{2\mu \ln \dfrac{R_{f2}}{R_{z2}}} \times 10^4 (\text{L/min}) \quad (4\text{-}95)$$

式中　Δp——外泵高压腔与低压腔的压差，Pa；

$\quad\quad h$——齿轮端面与浮动侧板内侧间隙，m；

$\quad\quad \theta_1$，θ_2——共齿轮外齿和大齿圈高压腔包络角，rad；

R_{f1}，R_{f2}——共齿轮和大齿圈齿根圆半径，m；

R_{z1}，R_{z2}——共齿轮轴外缘和大齿圈外缘半径，m；

μ——液压油的动力黏度，N·s/m^2。

（2）外泵过渡腔泄漏量

浮动侧板轴向间隙在过渡腔的泄漏量取决于过渡腔轮齿数目。设共齿轮外齿齿顶与月牙填隙片接触的数目为 n_1；大齿圈内齿齿顶与月牙填隙片接触的数目为 n_2，那么处于过渡腔的共齿轮外齿齿槽为 n_1-1；处于过渡腔的大齿圈内齿齿槽为 n_2-1。共齿轮和大齿圈齿槽与浮动侧板及月牙填隙片间形成了一个个密封容腔，假设油液压力在这些密封容腔中不变，而在齿顶径向间隙间呈线性下降的规律，经过 n_1 或 n_2 个齿顶的总压降为 Δp，则每个共齿轮外齿齿顶径向间隙和大齿圈内齿齿顶间隙的压降分别为 $\Delta p/n_1$ 和 $\Delta p/n_2$。过渡腔的泄漏量为

$$\Delta Q_{s1} = \frac{\pi h^3}{6\mu \ln \dfrac{R_{f1}}{R_{z1}}} \times \frac{1}{z_1} \Delta p \sum_{i=1}^{n_1-1} \left(1-\frac{i}{n_1}\right) \times 60 \times 10^3$$

$$\tag{4-96}$$

$$= \frac{\pi h^3 \Delta p}{2\mu \ln \dfrac{R_{f1}}{R_{z1}}} \times \frac{n_1-1}{z_1} \times 10^4 \, (\text{L/min})$$

$$\Delta Q_{s2} = \frac{\pi h^3}{6\mu \ln \dfrac{R_{f2}}{R_{z2}}} \times \frac{1}{z_2} \Delta p \sum_{j=1}^{n_2-1} \left(1-\frac{j}{n_2}\right) \times 60 \times 10^3$$

$$\tag{4-97}$$

$$= \frac{\pi h^3 \Delta p}{2\mu \ln \dfrac{R_{f2}}{R_{z2}}} \times \frac{n_2-1}{z_2} \times 10^4 \, (\text{L/min})$$

式中　z_1，z_2——共齿轮外齿齿数和大齿圈齿数；

i，j——过渡腔区域共齿轮外齿第 i 个齿和大齿圈第 j 个齿。

由于外泵齿轮副的两个端面均存在轴向间隙泄漏，则外泵浮动侧板轴向间隙泄漏总量为

$$\Delta Q = 2(\Delta Q_{v1} + \Delta Q_{v2} + \Delta Q_{s1} + \Delta Q_{s2})$$

$$= 2\left(\frac{\theta_1 h^3 \Delta p}{2\mu \ln \dfrac{R_{f1}}{R_{z1}}} + \frac{\theta_2 h^3 \Delta p}{2\mu \ln \dfrac{R_{f2}}{R_{z2}}} + \frac{\pi h^3 \Delta p}{2\mu \ln \dfrac{R_{f1}}{R_{z1}}} \times \frac{n_1 - 1}{z_1} + \right. \qquad (4\text{-}98)$$

$$\left. \frac{\pi h^3 \Delta p}{2\mu \ln \dfrac{R_{f2}}{R_{z2}}} \times \frac{n_2 - 1}{z_2}\right) \times 10^4 \, (\text{L/min})$$

内泵的轴向间隙泄漏途径与外泵相仿，则可推出内泵轴向间隙泄漏总量为

$$\Delta Q' = 2(\Delta Q'_{v1} + \Delta Q'_{v2} + \Delta Q'_{s1} + \Delta Q'_{s2})$$

$$= 2\left(\frac{\theta'_1 h^3 \Delta p}{2\mu \ln \dfrac{R'_{f1}}{R'_{z1}}} + \frac{\theta'_2 h^3 \Delta p}{2\mu \ln \dfrac{R'_{f2}}{R'_{z2}}} + \frac{\pi h^3 \Delta p}{2\mu \ln \dfrac{R'_{f1}}{R'_{z1}}} \times \frac{n_3 - 1}{z_3} + \right. \qquad (4\text{-}99)$$

$$\left. \frac{\pi h^3 \Delta p}{2\mu \ln \dfrac{R'_{f2}}{R'_{z2}}} \times \frac{n_4 - 1}{z_4}\right) \times 10^4 \, (\text{L/min})$$

式中　Δp——内泵高压腔与低压腔的压差，Pa；

　　　　h——齿轮端面与浮动侧板内侧间隙，m；

　　θ'_1，θ'_2——小齿轮和共齿轮内齿高压腔包络角，rad；

　　R'_{f1}，R'_{f2}——小齿轮和共齿轮内齿齿根圆半径，m；

　　R'_{z1}，R'_{z2}——小齿轮轴外缘和共齿轮内齿外缘半径，m；

　　　　μ——液压油的动力黏度，N·s/m^2；

　　n_3，n_4——过渡腔区域小齿轮和共齿轮内齿齿数；

　　z_3，z_4——小齿轮和共齿轮内齿齿数。

根据以上分析可知，为了减小轴向间隙泄漏，除了应使 R_f 和 R_z 尽可能大外，还应该对轴向间隙 h 严加控制。

4.3.3.2　径向间隙泄漏分析

内啮合齿轮泵径向间隙泄漏是指高压腔与过渡腔压力油液经齿轮齿顶和月牙填隙片间的间隙流入低压腔的过程。由于这部分间隙 δ 很小，工作油液又有一定黏度，边壁对整个液流的黏附作用很强，

所以油液在其中流动的雷诺数较小，属于层流流动。可根据两平行平板间间隙流动理论来计算齿顶与月牙填隙片间的泄漏量。这里把月牙填隙片圆弧面视为静止的平板，把旋转的齿顶视为与静止平板做相对平行移动的平板，由于齿顶两侧存在压力差，致使齿顶间隙中引起的泄漏流动速度 u_1 呈抛物线分布，如图 4-33(a)，即

$$u_1 = \frac{\Delta p / Z_0}{2\mu S_e}(\delta - y)y \quad (\text{m/s}) \tag{4-100}$$

式中　y——齿顶和月牙填隙片表面间隙的任意高度，m；

　　　Δp——泵的高低压腔的压差，Pa；

　　　μ——油液的动力黏度，N·s/m²；

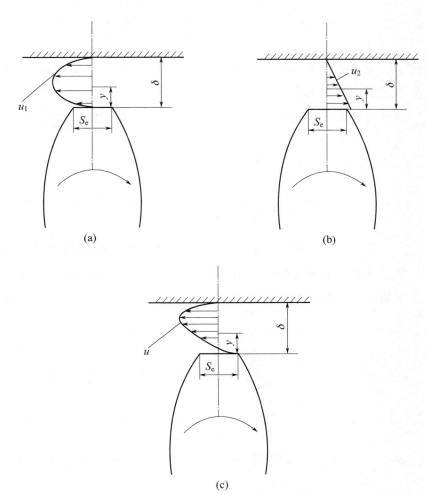

图 4-33　马达径向间隙泄漏示意

S_e——齿顶厚，m；

　δ——齿顶与月牙填隙片间的径向距离，m；

Z_0——与月牙填隙片相接触的轮齿数量，个。

由于齿顶以圆周速度 $v(\text{m/s})$ 运动而引起的齿顶径向间隙 δ 中液体的摩擦牵连运动，其流动速度 u_2 呈线性分布，如图 4-33(b)，即

$$u_2 = v\left(1 - \frac{y}{\delta}\right) \quad (\text{m/s}) \tag{4-101}$$

将以上两种运动速度合成，可得齿顶与月牙填隙片间总的泄漏速度为

$$u = u_1 - u_2 = \frac{\Delta p / Z_0}{2\mu S_e}(\delta - y)y - v\left(1 - \frac{y}{\delta}\right) \quad (\text{m/s}) \tag{4-102}$$

由于齿顶处压差流动速度 μ_1 和剪切流动速度 μ_2 相反，故其合成速度为两者之差。

对速度 μ 进行积分，可得一个齿轮的径向泄漏量为

$$\begin{aligned}
\Delta Q_\delta &= B \int_0^\delta \mu \, \mathrm{d}y \times 60 \times 10^3 \\
&= \left(\frac{B\Delta p}{12\mu S_e Z_0}\delta^3 - \frac{B\pi n R_e}{60}\delta\right) \times 60 \times 10^3 \quad (\text{L/min})
\end{aligned} \tag{4-103}$$

根据以上分析，结合多输出内啮合齿轮泵的结构特点可知，外泵径向间隙泄漏途径由共齿轮外齿齿顶和大齿圈内齿齿顶分别与月牙填隙片间的间隙组成，即

$$\begin{aligned}
\Delta Q_\delta &= \Delta Q_{\delta 1} + \Delta Q_{\delta 2} \\
&= B\left(\frac{\Delta p}{12\mu S_{e1} n_1}\delta_1^3 - \frac{\pi n_{\text{共}} R_{a1}}{60}\delta_1 + \frac{\Delta p}{12\mu S_{e2} n_2}\delta_2^3 - \right. \\
&\quad \left. \frac{\pi n_{\text{大}} R_{a2}}{60}\delta_2\right) \times 60 \times 10^3 \quad (\text{L/min})
\end{aligned} \tag{4-104}$$

式中　δ_1，δ_2——共齿轮外齿和大齿圈内齿与月牙填隙片的径向间隙，m；

　　　　S_{e1}，S_{e2}——共齿轮外齿和大齿圈内齿齿顶厚，m；

n_1，n_2——共齿轮外齿和大齿圈内齿处于过渡区的齿数，个；

$n_{共}$，$n_{大}$——共齿轮和大齿圈的转速，r/min；

R_{a1}，R_{a2}——共齿轮外齿和大齿圈内齿的齿顶圆半径，m。

同理，内泵径向间隙泄漏途径由小齿轮外齿齿顶和共齿轮内齿齿顶分别与月牙填隙片间的间隙组成，即

$$\Delta Q'_{\delta} = \Delta Q'_{\delta 1} + \Delta Q'_{\delta 2}$$

$$= B\left(\frac{\Delta p}{12\mu S'_{e1}n_3}\delta'^3_1 - \frac{\pi n_{小} R'_{a1}}{60}\delta'_1 + \frac{\Delta p}{12\mu S'_{e2}n_4}\delta'^3_2 - \right. \tag{4-105}$$

$$\left. \frac{\pi n_{共} R'_{a2}}{60}\delta'_2 \right) \times 60 \times 10^3 \quad (\text{L/min})$$

式中　δ'_1，δ'_2——小齿轮外齿和共齿轮内齿与月牙填隙片的径向间隙，m；

S'_{e1}，S'_{e2}——小齿轮外齿和共齿轮内齿齿顶厚，m；

n_3，n_4——小齿轮外齿和共齿轮内齿处于过渡区的齿数，个；

$n_{小}$——小齿轮的转速，r/min；

R'_{a1}，R'_{a2}——小齿轮外齿和共齿轮内齿的齿顶圆半径，m。

4.3.3.3　泵不同工作方式下的泄漏量

多输出内啮合齿轮泵有三种工作方式，分别对应三种不同的泄漏量。表 4-5 列出了多输出内啮合齿轮泵在三种工作方式下泵的泄漏量。

表 4-5　多输出内啮合齿轮三种工作方式下泵的泄漏量

泵的工作方式		泄漏量
内泵	外泵	
工作	不工作	$\Delta Q + \Delta Q_{\delta}$
不工作	工作	$\Delta Q' + \Delta Q'_{\delta}$
工作	工作	$\Delta Q + \Delta Q_{\delta} + \Delta Q' + \Delta Q'_{\delta}$

从表 4-5 可以看出，当内外泵同时工作时，其泄漏量最大，为其各自单独工作时泄漏量之和，故在设计时应优先考虑减小该情况下的泄漏量。

4.4
多输出内啮合齿轮流场数值模拟

多输出内啮合齿轮泵内部流场比较复杂，其内部流场特征直接影响着泵的结构和性能，所以对泵内部流场的分析显得尤为重要。

4.4.1　计算模型的简化

流场仿真的前提就是抽象出相关的计算模型，为了节约计算成本，提高计算精度，降低几何形体的复杂程度，对不一些细微的、次要的结构予以适当的简化，保留重点研究的区域。如图 4-34 所示是根据多输出内啮合齿轮泵的三维模型抽象出的三维流场模型，由于浮动月牙填隙片处流场较为复杂，对泵总体流场影响不大，故将浮动月牙填隙片简化为固定月牙板。对于三个齿轮啮合形成的流场空间进行精确的建模，特别是齿轮啮合处以及大齿圈径向通油孔等重点位置。

图 4-34　根据多输出内啮合齿轮泵的三维模型抽象出的三维流场模型

根据图 4-34，取该模型轴向方向的中间层作为二维计算模型的基础，该截面保留了大齿圈径向通油孔，外泵吸压油口截面尺寸等于其最大通径，基本保证了关键位置的完整性，是较为理想的计算模型。但是，由于内泵吸压油口是轴向开设，在二维截面上难以表示出来，故需要对模型进一步简化，此处将内泵吸压油口简化至内泵月牙板空隙处，这样既可以方便设置边界条件，又不破坏泵内部主要流场区域的原始状态。唯一不足之处是牺牲了内泵吸压油口原有的流道面貌，这里采取的补救措施是将吸油口通径与设计尺寸保持一致，压油口通径尺寸适当减小至与月牙板端部尺寸相同，最大限度地保证流场通道的原始面貌与合理性，如图 4-35 所示为多输出内啮合齿轮泵内部流场二维模型。

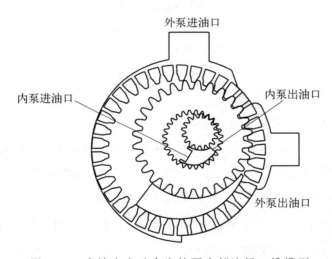

图 4-35　多输出内啮合齿轮泵内部流场二维模型

4.4.2　二维流场模型的前处理及设置

本二维模型采用前处理软件 Gambit 进行网格生成，全局采用三角形非结构网格对模型进行离散。为了提高计算精度，设置非结构网格的尺寸大小为 0.2mm，由于模型存在很多狭窄缝隙区域，如齿轮啮合处、轮齿与月牙板接触间隙等，其最小间隙可达 0.02mm，故需在这些位置进行网格细化，保证有充足的节点参与到后续的计算中去。如图 4-36 所示为部分缝隙区域网格划分。

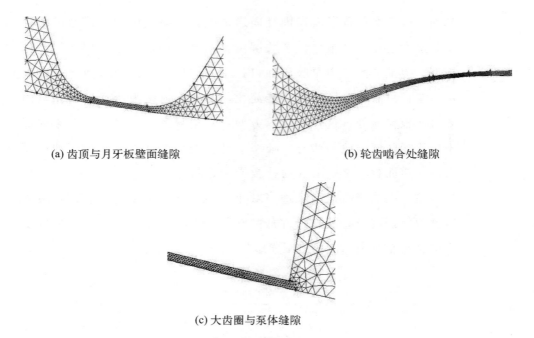

(a) 齿顶与月牙板壁面缝隙　　　　　　(b) 轮齿啮合处缝隙

(c) 大齿圈与泵体缝隙

图 4-36　部分缝隙区域网格划分

　　绘制好网格后，在 Gambit 中要对边界条件类型进行相应的指定，这里将内外泵进油口指定为 pressure_inlet 类型，将内外泵出油口指定为 pressure_outlet 类型，剩下的壁面均指定成 wall 类型，将计算域连续体指定为 fluid 类型，导出网格。

　　将绘制好的网格模型导入 Fluent 并进行相关的计算参数设置。由于泵的流道壁面在流动过程中不断地运动，故需要采用动网格模型加以分析。动网格模型用于模拟由于边界运动引起流域形状随时间变化的流动情况，计算前首先定义网格的初始状态，边界发生运动变形后，其流域的网格会在 Fluent 里自动重新划分，边界的形状变化和运动过程可以用边界型函数定义，也可以用 UFD 函数定义，其求解的是非定常问题。

　　设置该二维流场的动网格模型，大致需要以下几个步骤。

　　① 导入网格，利用 check 检查网格质量，避免负体积出现，利用 smooth 光顺网格。

　　② 利用 scale 转换单位。

　　③ 选择基于压力的求解器，模型为 unsteady。

④ 由于泵内油液流动状态为湍流，故选择 $\kappa\text{-}\varepsilon$ 模型，其适用范围广，精度合理。

⑤ 设置计算域介质类型，由于泵内的介质为液压油，故选择 fuel-oil-liquid。

⑥ 边界条件的设定，表 4-6 为二维流场模型的边界条件。

表 4-6　二维流场模型的边界条件

名称	参数	类型
内泵、外泵进油压力/MPa	0.5	pressure_inlet
内泵、外泵出油压力/MPa	10	pressure_outlet
壁面区域	—	wall
大齿圈转速/(rad/s)	118.8711	—
共齿轮转速/(rad/s)	157.0796	—
小齿轮转速/(rad/s)	258.7193	—

⑦ 根据齿轮转速，编辑边界型函数来控制齿轮的转动。

⑧ 设置动网格相关参数，将弹簧光顺法与网格重构法相结合来实现网格的运动。定义运动区域，这里具体为大齿轮、共齿轮外齿、共齿轮内齿、小齿轮 4 个运动区域，分别设导入对应的边界型函数控制其转动，定义各自的旋转中心。

⑨ 采用默认的求解控制参数，选择 PISO 的压力-速度耦合方式，选择 PRESTO! 的压力离散方式进行求解。

⑩ 初始化设置。

⑪ 设置求解参数。为方便计算结果收敛，提高计算精度，设置时间步长为 0.00001s，时间步数为 1000 步。

⑫ 计算求解，得出结果并进行后处理，以便直观地分析。

4.4.3　二维流场仿真结果及分析

(1) 压力场

如图 4-37 所示是多输出内啮合齿轮泵在 0.01s 工作时间内的二维流场压力云图，其中每幅图都对应一个特定的时间点。泵工作的额定转速为 1500r/min，根据该转速与齿轮传动比可以算出这三个齿轮各自每转过一个齿需要的时间约为 $0.00143s$，故在 $0.01s$ 内大致可以转过 6 个齿，得到 6 个压力变化周期。下面就根据这些特定时间点下的内啮合齿轮泵二维流场的压力状态做进一步分析。

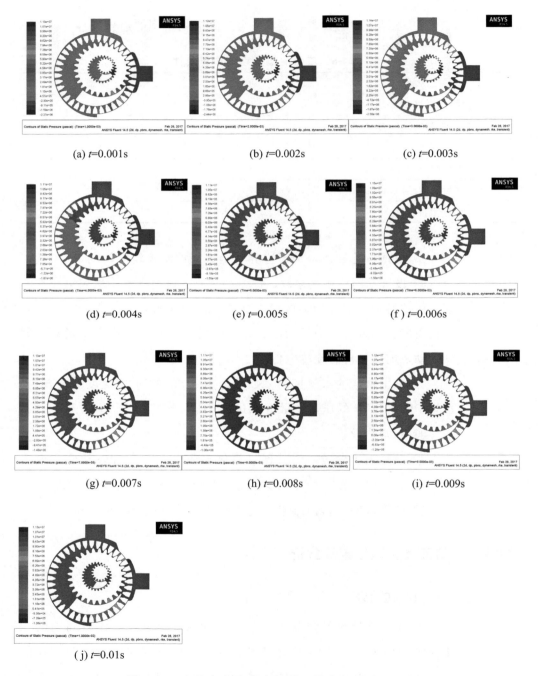

(a) $t=0.001s$　　　　　(b) $t=0.002s$　　　　　(c) $t=0.003s$

(d) $t=0.004s$　　　　　(e) $t=0.005s$　　　　　(f) $t=0.006s$

(g) $t=0.007s$　　　　　(h) $t=0.008s$　　　　　(i) $t=0.009s$

(j) $t=0.01s$

图 4-37　多输出内啮合齿轮泵二维流场压力云图

当 $t＝0.001s$ 时，泵已经开始工作，在共齿轮的带动下，三个齿轮均朝逆时针方向转动了一个微小角度，由于齿轮的脱开，在内外泵进油腔密闭容腔体积变大，形成负压，尤其是在内泵两啮合齿轮退出啮合位置，其负压值最大约为－2.27MPa，加上齿轮转动将油液带入压油腔，进油腔油液减少，使得进油腔的油液压力总体保持在 0.45MPa 左右。当内外泵齿轮啮合时，由于压油腔密闭容积减小，油液被挤出，加上从进油腔带入的油液，此时压油腔的油液压力升高至工作压力，约为 10MPa。最大压力值出现在内泵压油腔轮齿困油区，其值约为 11.3MPa，这就要求浮动侧板上开设相应的卸荷槽缓解困油现象带来的压力冲击和噪声。在外泵轮齿困油区并没有出现高于工作压力的困油压力，也没有出现负压，其值总体保持在 3.85～4.54MPa 之间，这是因为在齿顶有径向通油孔，困油的体积的压缩量与困油体积之比很小，故困油现象不严重，这是径向配流的优势。

当 $t＝0.002s$ 时，齿轮实际上已经转过了一个周期，各处压力变化进入一个新的循环，但压力分布与 $t＝0.001s$ 时大致相同。内泵轮齿退出啮合形成负压，进油腔吸入油液，轮齿进入啮合挤压油液，并从压油腔输出。从 0.001～0.01s 的压力云图可以看出，进出油压力是不断变化的，这是由于进出油流量均存在脉动，且出油流量与进油流量脉动不同步，在某一时刻，进油流量大于出油流量，则进油腔压力会增加；当出油流量小于进油流量时，出油压力会减小。

(2) 速度场

多输出内啮合齿轮泵内油液流速大小和方向的分布可以通过速度云图与速度矢量图反映出来。下面以 $t＝0.01s$ 为例，分析该泵此时速度场的状态。图 4-38(a)为此时的速度云图，从图中可以看出，外泵进油口速度大小分布不均匀，主要分布在 2.05m/s 以内，进油速度较快，尤其是靠近齿轮退出啮合处，这里产生的真空区会使得油液以更快的速度吸入泵体，速度可达 2.25m/s，故在优化时需要加大进油口尺寸，降低进油速度。外泵出油口出油速度同样分布不均匀，远离齿轮啮合区的出油速度在 2.05m/s 以内，靠近啮合区的出油速度最大可达 3m/s，小于允许流速 5m/s，故出油流速符合条件。内泵的进口流速最大为 0.3m/s，出油口流速最大约为 2.5m/s，由于在建模过程中对内泵进出油口进行了简化，由轴向配流改为径向配流，且出油口相较于简化前的尺寸略微减小，可以看出进出油流速符合要求。但是在其附近的流速分布与实际中的轴向进出油口情况肯定有所差异，故此部分作为一个判定油口大小是否符合实际要求的参考，具体的速度分布状态需要通过三维模型进一步仿真研究。

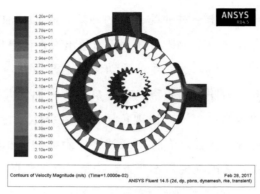

(a) 速度云图

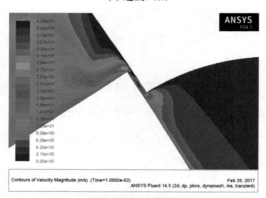

(b) 局部速度云图一

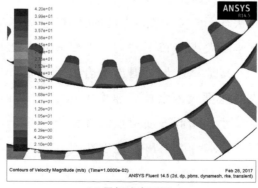

(c) 局部速度云图二

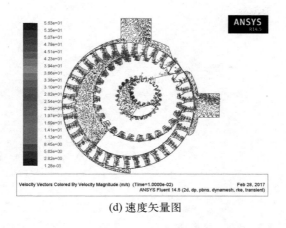

(d) 速度矢量图

图 4-38　$t=0.01\mathrm{s}$ 时的速度云图和速度矢量图

图 4-38(b) 为大齿圈外缘从外泵高压油腔进入高低压强过渡间隙区的速度云图，从图中可以看出，此时油液流速达到 $39.9\sim42\mathrm{m/s}$，由于齿轮转速较高，近壁面的油液被带入间隙区，且过流面积的迅速减小形成了缝隙，产生压降，形成了一个相对高压腔流速的速度突变，会造成一定程度上的振动和冲击。图 4-38(c) 为外泵共齿轮外齿和大齿圈内齿在过渡区的速度云图，可以看出，由于油液的黏性，近壁面区域油液流速逐渐减小，而越靠近齿槽中心，流速越大，在齿轮高速旋转的带动下，最大流速可达 $6.29\sim6.39\mathrm{m/s}$。图 4-38(d) 为泵二维流场速度矢量图，可以看出泵进出油口速度分布不均匀，靠近啮合区的油液流速快，而远离啮合区流速较慢。齿轮的旋转带动齿轮间的油液以相同速度运动，而在齿轮齿顶与月牙板接触缝隙处，油液流速较快，方向与齿轮旋转方向相反，这是由于过渡区高压油往低压区泄漏，在缝隙处产生压降，在压差的作用下油液流速加快。在低压腔月牙板边缘处，由于运动的油液受到其阻挡，形成了两个小范围的漩涡，但其速度较慢，产生的冲击较小，可以不予考虑。

第 **5** 章 原理性实验

为了验证内外啮合齿轮马达、输出轴力平衡型多输入齿轮马达以及多输出内啮合齿轮泵原理的可行性和结构设计的合理性，分别加工出样机并搭建实验平台，对其进行原理性实验测试。

5.1
内外啮合齿轮马达的原理实验

5.1.1　实验系统设计

如图 5-1 所示为内外啮合齿轮马达的实验系统。

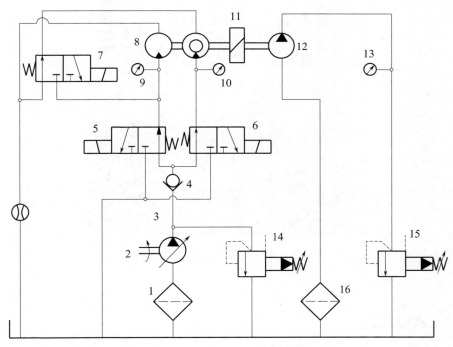

图 5-1　内外啮合齿轮马达的实验系统

1，16—滤油器；2—变量马达；3—流量计；4—单向阀；5～7—二位三通换向阀；

8—被测内外啮合齿轮马达；9，10，13—压力表；11—扭矩传感器；

12—实验负载泵；14，15—先导式溢流阀

在该试验平台中，被测齿轮马达的高压油变量马达 2 提供，通过调节变量泵的排量实现调节供给马达流量，供给马达流量的大小通过流量计 3 检测。先导式溢流阀 14 起到对该试验平台的安全保护作用。通过控制二位三通换向阀 5～7，实现切换被测马达的不同连接方式下的工作状态。被测马达的输出转矩与转速通过转矩/转速传感器来检测。该测试平台的负载是通过实验负载泵 12 和先导式溢流阀组成，通过对控制溢流阀的溢流压力，来实现对调节负载泵的工作压力，从而可以模拟控制负载的大小。

5.1.2　样机及实验平台的搭建

内外啮合齿轮马达样机的零件图与实验连接分别如图 5-2～图 5-4 所示。

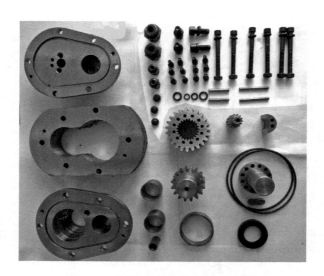

图 5-2　内外啮合齿轮马达的零件

5.1.3　实验数据

经过对该马达的检测试验，记录实验数据马达的输出转矩与转速如表 5-1 和表 5-2 所示。在测试马达的容积效率时，选取内马达与外马达同时工作时计算的容积效率，如表 5-3 所示。

图 5-3　内外啮合齿轮马达的样机

图 5-4　内外啮合齿轮马达实验测试平台

表 5-1　内外啮合齿轮马达输出转矩实验数据

压差 /MPa	内外啮合齿轮马达输出转矩/(N·m)			
	连接方式 1	连接方式 2	连接方式 3	连接方式 4
1	1.1	4.4	5.6	3.5
2	2.1	8.9	11.8	7.8
3	3.2	14.1	18.5	12.8
4	4.5	20.1	26.5	19.8
5	6.1	26.5	34.9	25.2
6	7.6	32.5	42.5	34.5

表 5-2　内外啮合齿轮马达输出转速实验数据

压差 /MPa	内外啮合齿轮马达输出转速/(r/min)			
	连接方式一	连接方式二	连接方式三	连接方式四
1	690	180	150	248
2	691	176	146	246
3	683	175	146	243
4	679	172	143	240
5	670	164	132	236
6	663	160	126	231

表 5-3　内外啮合齿轮马达效率实验数据

压差 /MPa	输出转矩 /(N·m)	输出转速 /(r/min)	容积效率 η_v/%	机械效率 η_m/%	总效率 η/%
1	5.6	150	97.4	54.3	52.3
2	11.8	146	95.4	57.2	54.3
3	18.5	146	95.4	59.8	57.2
4	26.5	143	93.4	64.3	60.1
5	34.9	132	86.2	67.7	58.3
6	42.5	126	82.3	68.7	57.8

5.2

输出轴力平衡型多输入齿轮马达的原理实验

5.2.1　实验系统设计和搭建

如图 5-5 所示为新型齿轮马达的实验系统。

在实验液压系统中，由供油变量泵 4 提供马达所需要的高压油，安全阀 5 限定了系统的最高压力，流量计 7 用于测量系统的进油流量，通过电磁换向阀 8 和 9 的调节可以实现马达的四种不同工作方式

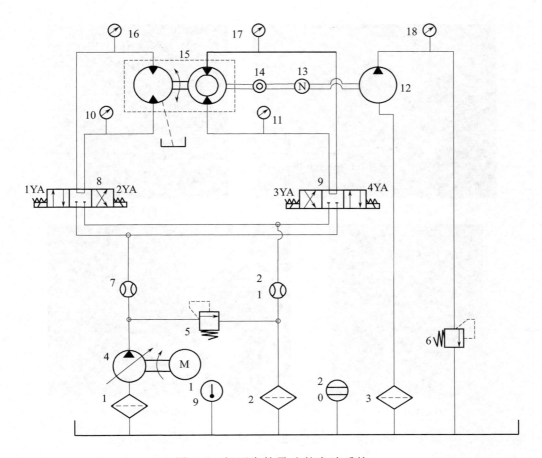

图 5-5　新型齿轮马达的实验系统

1~3—滤油器；4—供油变量泵；5—安全阀；6—溢流阀；7，21—流量计；

8，9—电磁换向阀；10，11，16~18—压力表；12—负载泵；13，14—转速、转矩测量仪；

15—被测齿轮马达；19—温度计；20—液位计

的改变，压力表 10、11、16、17 用于测量马达的进出油口的压力值，转速、转矩测量仪 13、14 用于测量马达的输出转速和转矩大小，因为需要为马达提供负载，所以设置了负载泵 12，实验过程中需要不同的压力值，所以设置了溢流阀 6，通过调节溢流阀 6 可以为负载泵提供不同的压力，从而达到为马达提供不同负载的要求，压力表 18 用于测量负载泵的出油口压力值。

5.2.2　样机及实验平台的搭建

如图 5-6 所示为输出轴力平衡型多输入齿轮马达的样机及实验搭建。

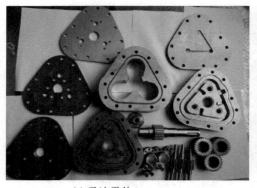

| (a) 马达零件 | (b) 马达样机 |

| (c) 马达装配体 | (d) 马达实验系统 |

图 5-6　输出轴力平衡型多输入齿轮马达的样机及实验搭建

5.2.3　实验结果数据分析

（1）参数设置

马达样机的参数设置如表 5-4 所示。

表 5-4　马达样机的参数设置

性能	参数
实验最高压力	6MPa
马达最高转速	929.5r/min
内马达排量	30.5mL/r
外马达排量	54.3mL/r
内外马达联合工作时排量	84.8mL/r
内外马达差动连接时排量	23.8mL/r

第 5 章　原理性实验

（2）数据采集

通过实验分析并对测量数据进行记录，利用相关公式以及马达的
性能参数计算出马达在不同压力、不同工作方式下的机械效率、容积
效率以及总的工作效率，并将数据进行整理，如表 5-5～表 5-8 所示。

表 5-5　内马达工作时的实验数据

压差/MPa	输入流量/(L/min)	理论流量/(L/min)	输出转矩/(N·m)	输出转速/(r/min)	机械效率η_{mm}/%	容积效率η_{mv}/%	总效率η_m/%
0.9	5.2	4.9	1.7	186.2	45.9	94.2	43.2
2.2	7.2	6.7	4.5	254.6	49.2	93.1	45.8
3.1	9.2	8.4	7.3	319.2	56.6	91.3	51.7
3.9	12.3	10.8	10.6	410.4	65.3	87.8	57.3
5.1	15.4	12.9	15.4	490.2	72.6	83.8	60.8
5.9	19.1	15.3	19.5	581.4	79.4	80.1	63.6

表 5-6　外马达工作时的实验数据

压差/MPa	输入流量/(L/min)	理论流量/(L/min)	输出转矩/(N·m)	输出转速/(r/min)	机械效率η_{mm}/%	容积效率η_{mv}/%	总效率η_m/%
0.9	5.2	4.8	3.4	88.4	43.8	92.6	40.6
2.2	7.2	6.5	9.1	119.7	47.9	89.9	43.1
3.1	9.2	8.1	15.0	149.2	56.0	87.6	49.1
3.9	12.3	10.2	21.9	187.8	65.0	83.2	54.1
5.1	15.4	12.2	31.5	224.7	71.5	79.1	56.1
5.9	19.1	14.0	40.1	257.8	78.7	73.5	57.8

表 5-7　内马达与外马达联合工作时的实验数据

压差/MPa	输入流量/(L/min)	理论流量/(L/min)	输出转矩/(N·m)	输出转速/(r/min)	机械效率η_{mm}/%	容积效率η_{mv}/%	总效率η_m/%
0.9	5.2	4.6	4.6	57.2	39.9	88.9	35.5
2.2	7.2	6.2	12.5	77.1	44.4	86.7	38.5
3.1	9.2	7.7	21.4	95.7	53.9	84.1	45.3

续表

压差 /MPa	输入流量 /(L/min)	理论流量 /(L/min)	输出转矩 /(N·m)	输出转速 /(r/min)	机械效率 η_{mm}/%	容积效率 η_{mv}/%	总效率 η_m/%
3.9	12.3	9.7	31.2	120.6	62.5	78.5	49.1
5.1	15.4	11.1	44.8	138.0	68.6	71.9	49.3
5.9	19.1	12.1	57.2	150.4	75.7	63.2	47.8

表 5-8　内马达与外马达差动连接时的实验数据

压差 /MPa	输入流量 /(L/min)	理论流量 /(L/min)	输出转矩 /(N·m)	输出转速 /(r/min)	机械效率 η_{mm}/%	容积效率 η_{mv}/%	总效率 η_m/%
0.9	5.2	4.6	1.7	193.3	42.2	88.4	37.3
2.2	7.2	6.2	4.4	260.5	44.6	85.9	38.3
3.1	9.2	7.7	7.6	323.5	54.7	83.6	45.7
3.9	12.3	9.5	11.0	399.2	62.9	77.3	48.6
5.1	15.4	10.8	15.7	453.8	68.7	70.1	48.2
5.9	19.1	12.0	20.4	504.2	77.2	62.7	48.4

5.3
多输出内啮合齿轮泵的原理实验

5.3.1　实验系统

如图 5-7 所示为多输出内啮合齿轮泵的性能测试实验原理，可以进行泵的空载排量测定、泵的工作压力测定、泵的容积效率测定等实验。

如图 5-7 所示，油液经过滤器 1 过滤后由多输出内啮合齿轮泵 2 输出到系统中。通过二位三通换向阀 7、8 控制泵的工作方式，当 1YA 和 2YA 同时失电时（如图 5-7 中位置所示），内外泵同时为系统供油；当 1YA 得电，2YA 失电时，内泵卸荷，外泵工作；当 1YA

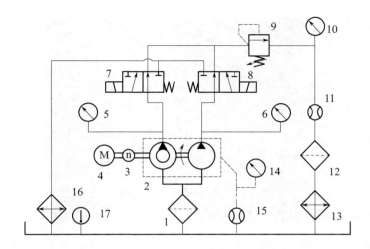

图 5-7　多输出内啮合齿轮泵的性能测试实验原理

1，12—过滤器；2—多输出内啮合泵；3—转速计；4—电机；5，6，10，14—压力表；

7，8—二位三通换向阀；9—溢流阀；11，15—流量计；13，16—冷却器；17—温度计

失电，2YA 得电时，内泵卸荷，外泵工作。压力表 5、6 负责测量泵的出口压力，系统负载大小由溢流阀 9 调节，最后流出的油液由流量计 11 测出其流量值。

5.3.2　样机及实验平台搭建

如图 5-8 所示为多输出内啮合齿轮泵的主要零件、装配体以及实验平台。

图 5-8

图 5-8　多输出内啮合齿轮泵的主要零件、装配体以及实验平台

5.3.3　实验数据

（1）样机参数

样机具体参数如表 5-9 所示。

表 5-9　样机具体参数

名称	参数
实验最高转速/(r/min)	1440
实验最高压力/MPa	6
内泵工作排量/(mL/r)	11.91
外泵工作排量/(mL/r)	47.56
内外泵同时工作排量/(mL/r)	59.47
电机功率/kW	5.5

（2）数据采集

通过实验分别测量内泵空载排量、外泵空载排量和内外泵同时工作时的空载排量，并记录相关的测量参数，具体如表 5-10～表 5-12所示。

表 5-10　内泵空载排量测定

压力表 5/MPa	转速/(r/min)	理论输出流量/(L/min)	实际输出流量/(L/min)
0.2	603	7.18	7.03
0.2	824	9.81	9.61
0.3	1054	12.55	12.24
0.2	1273	15.16	14.85
0.3	1501	17.88	17.55

表 5-11　外泵空载排量测定

压力表 6/MPa	转速/(r/min)	理论输出流量/(L/min)	实际输出流量/(L/min)
0.2	602	28.63	28.06
0.3	828	39.38	38.39
0.3	1048	49.84	48.50
0.2	1277	60.73	59.46
0.3	1503	71.48	70.05

表 5-12　内外泵同时工作时泵空载排量测定

压力表 5 /MPa	压力表 6 /MPa	转速/ (r/min)	理论输出流量/ (L/min)	实际输出流量/ (L/min)
0.1	0.3	598	35.56	34.67
0.3	0.2	823	48.94	47.47
0.2	0.3	1054	62.68	61.42
0.2	0.4	1271	75.59	74.22
0.3	0.4	1498	89.09	87.21

参 考 文 献

［1］ Okorn I，Nagode M，Klemenc J．Operating Performance of External Non-Involute Spurand Helical Gears：A Review ［J］．Journal of Mechanical Engineering，2021（67）：1-5．

［2］ 牛壮，刘银水，王陆一，等．微小型容积式泵研究及应用进展 ［C］//第九届全国流体传动与控制学术会议（9th FPTC-2016）论文集，2016．

［3］ Clemens M，Dopper J，Kamper K P，et al．Micro Gear Pumps For Dosing of Viscous Fluids ［J］．Journal of Micromechanics and Microengineering，1997，7（3）：230-232．

［4］ Charles Farmer M，Joann Wells K，Adrian Lund K．New micro gear pumps for critical application processes ［J］．World Pumps，2003（438）：6．

［5］ Gietzelt T，Jacobi O，Piotter V，Ruprecht R，et al．Development of a micro annular gear pump by micro powder injection molding ［J］．Journal of Materials Science，2004（6）：39．

［6］ Alam MNHZ，Hossain F，Vale A，et al．Design and fabrication of a 3D printed miniature pump for integrated microfluidic applications ［J］．International Journal of Precision Engineering and Manufacturing，2017（9）：1287-1296．

［7］ Kuo Jao Huang，Wun Chuan Lian．Kinematic flowrate characteristics of external spur gear pumps using an exact closed solution ［J］．Mechanism and Machine Theory，2008（6）：44．

［8］ Frosina Emma，Senatore Adolfo，Rigosi Manuel．Study of a High-Pressure External Gear Pump with a Computational Fluid Dynamic Modeling Approach．［J］．Energies，2017（8）：117．

［9］ Xinran Zhao，Andrea Vacca．Formulation and optimization of involute spur gear in external gear pump ［J］．Mechanism and Machine Theory，2017（3）：117．

［10］ Xinran Zhao，Andrea Vacca．Theoretical Investigation into the Ripple Source of External Gear Pumps ［J］．Energies，2019（3）：1-26．

［11］ Ishibashi，Akira，Muta，Satoru．Design of a New Gear Pump with Circular-Arc Tooth-Trace Gears and Some Experimental Results ［J］．Reports of the faculty of science & engineering saga university，1980（8）：37-58．

［12］ Choi T H，Kim M S，Lee G S，et al．Design of Rotor for Internal Gear Pump Using Cycloid and Circular-Arc Curves ［J］．Journal of Mechanical Design，2012（134）：5-11．

[13] Castilla R，Gutes M，Gamez-Montero P J，et al. Numerical Analysis of the Shaft Motion in the Journal Bearing of a Gear Pump [J]. Journal of Engineering for Gas Turbines and Power，2010（132）：1-10.

[14] Divya Thiagarajan，Andrea Vacca，Stephanie Watkins. On the lubrication performance of external gear pumps for aerospace fuel delivery applications [J]. Mechanical Systems and Signal Processing，2019（6）：129

[15] Ram Sudarsan Devendran，Andrea Vacca. A novel design concept for variable delivery flow external gear pumps and motors [J]. International Journal of Fluid Power，2014（3）：15.

[16] Andrea Vacca，Ram Sudarsan Devendran. A Flow Control System for a Novel Concept of Variable Delivery External Gear Pump [C]//10th International Fluid Power Conference（10. IFK），2016：263-276.

[17] Srinath T，Andrea V . Theoretical Analysis and Design of a Variable Delivery External Gear Pump for Low and Medium Pressure Applications [J]. Journal of Mechanical Design，2018（141）：125-134.

[18] Wahab A . Analytical Prediction Technique for Internal Leakage in an External Gear Pump [C]// ASME Turbo Expo 2009：Power for Land，Sea，and Air. 2009：1-8.

[19] David del Campo，Castilla R，Raush G A，et al. Pressure effects on the performance of external gear pumps under cavitation [J]. Proceedings of the Institution of Mechanical Engineers，Part C：Journal of Mechanical Engineering Science，2014（228）：2925-2937.

[20] Farhad Sedri，Alireza Riasi. Investigation of leakage within an external gear pump with new decompression slots：numerical and experimental study [J]. Journal of the Brazilian Society of Mechanical Sciences and Engineering，2019（41）：1-12.

[21] Emiliano Mucchi，Alessandro Rivola，Giorgio Dalpiaz. Modelling dynamic behaviour and noise generation in gear pumps：Procedure and validation [J]. Applied Acoustics，2014（3）：77.

[22] Mattia Battarra，Emiliano Mucchi. Incipient cavitation detection in external gear pumps by means of vibro-acoustic measurements [J]. Measurement，2018（2）：33-34.

[23] Leonid Rodionov，Pavel Rekadze. Experimental Vibroacoustic Research of a Gear Pump Made of different Materials [J]. Procedia Engineering，2017（176）：636-644.

[24]　Murali-Girija Mithun，Phoevos Koukouvinis，Ioannis K Karathanassis，et al. Numerical simulation of three-phase flow in an external gear pump using immersed boundary approach [J]. Applied Mathematical Modelling，2019 (72)：682-699.

[25]　王舰. 一种新型船用摆线液压马达的设计研究 [D]. 舟山：浙江海洋学院，2014.

[26]　赵战航. 页岩气取心机器人液压马达的设计与仿真分析 [D]. 成都：西华大学，2020.

[27]　李祥. 非圆齿轮液压马达输出特性分析及其优化设计 [D]. 兰州：兰州理工大学，2023.

[28]　闻德生. 液压元件的创新与发展 [M]. 北京：航空工业出版社，2009.

[29]　闻德生，吕世君，闻佳. 新型液压传动（多泵多马达液压元件及系统）[M]. 北京：化学工业出版社，2016.

[30]　刘峰. 输出轴力平衡型多输入齿轮马达的研究 [D]. 秦皇岛：燕山大学，2016.

[31]　王京. 直齿圆柱渐开线多输出内啮合齿轮泵的研究 [D]. 秦皇岛：燕山大学，2017.

[32]　孔维涛. 内外啮合齿轮马达的设计与研究 [D]. 秦皇岛：燕山大学，2013.

[33]　闻德生，李德雄，隋广东，等. 双内外啮合型齿轮多马达在同步回路中的应用 [J]. 华中科技大学学报（自然科学版），2020，48（05）：68-72.

[34]　闻德生，刘小雪，田山恒，等. 多输出内啮合齿轮泵泄漏与容积效率分析及密封改进 [J]. 西北工业大学学报，2019，37（05）：1060-1069.

[35]　闻德生，王少朋，田山恒. 对称型多输出齿轮马达的泄漏分析与容积效率 [J]. 西南交通大学学报，2020，55（02）：379-385.

[36]　闻德生，隋广东，田山恒，等. 内外啮合齿轮马达泄漏与容积效率分析及试验 [J]. 吉林大学学报（工学版），2019，49（04）：1186-1193.

[37]　闻德生，潘为圆，石滋洲，等. 力平衡型多输入齿轮马达的转矩特性分析与试验 [J]. 农业工程学报，2017，33（10）：94-101.

[38]　闻德生，商旭东，潘为圆，等. 齿轮型多泵多马达传动系统设计与试验 [J]. 农业机械学报，2017，48（06）：399-406.

[39]　高俊峰，闻佳，刘巧燕，等. 内外啮合齿轮泵与马达传动的特性分析 [J]. 机床与液压，2016，44（07）：62-65.

[40]　刘巧燕，闻德生，高俊峰. 内外啮合齿轮马达的转矩脉动分析 [J]. 液压与气动，2015（11）：49-53.